国家中等职业教育改革发展示范学校重点建设专业规划教材

U0734934

C51单片机与机器人控制

C51 DANPIANJI YU JIQIREN KONGZHI

王骏明　主　编

唐洪涛　副主编

江苏大学出版社
JIANGSU UNIVERSITY PRESS

镇江

内容提要

本教材以智能移动机器人工程项目为主线,循序渐进地构建智能机器人的智能控制器和传感器电路,将单片机外围接口特性、内部结构原理、应用设计方法和 C 语言程序设计等知识,通过先项目实践、后总结归纳的方式传授给学生,彻底打破了传统的教学方法和教学体系结构,解决了单片机原理与应用,以及 C 语言程序设计等核心专业基础课程抽象与难学的问题。

本书可作为中等职业教育工业机器人应用与维护专业、电气自动化以及自动控制类专业理实一体化实训教材和相应专业课程的实验配套教材,也可以作为中职院校《单片机技术与应用》、《C 语言程序设计》以及《工业机器人基础》等课程的学习教材和教学参考书,同时还可以供希望从事嵌入式系统开发和 C 语言程序设计的学生或者个人自学使用。

图书在版编目(CIP)数据

C51 单片机与机器人控制/王骏明主编.—镇江:
江苏大学出版社,2015.12(2019.1 重印)
ISBN 978-7-5684-0019-0

Ⅰ.①C… Ⅱ.①王… Ⅲ.①单片微型计算机—高等学校—教材 ②机器人控制—高等学校—教材 Ⅳ.
①TP368.1 ②TP24-33

中国版本图书馆 CIP 数据核字(2015)第 279703 号

C51 单片机与机器人控制

C51 Danpianji Yu Jiqiren Kongzhi

主　　编/王骏明
责任编辑/李经晶　吕亚楠
出版发行/江苏大学出版社
地　　址/江苏省镇江市梦溪园巷 30 号(邮编:212003)
电　　话/0511-84446464(传真)
网　　址/http://press.ujs.edu.cn
印　　刷/虎彩印艺股份有限公司
开　　本/787 mm×1 092 mm　1/16
印　　张/12.25
字　　数/290 千字
版　　次/2015 年 12 月第 1 版　2019 年 1 月第 2 次印刷
书　　号/ISBN 978-7-5684-0019-0
定　　价/33.00 元

如有印装质量问题请与本社营销部联系(电话:0511-84440882)

前　言

　　本书可作为中职院校电气自动化类专业二年级及以上学生学习单片机原理与应用的主导教材,也可以作为高职二年级及以上工程类专业学生学习单片机原理与应用的辅助教材,还可以供其他机器人爱好者使用。使用者只需要掌握初级的编程基础和简单的计算机操作即可,不需要专业的 C 语言基础。

　　本书的任务是要让每一个学习单片机原理与应用的学生或者个人,都能够在开发智能机器人过程中学习和掌握单片机的基本原理与应用系统的开发技能,包括:

- C51 系列单片机的 C 语言编程环境和使用方法;
- 单片机的输入接口、使用方法和 C 语言程序设计;
- 单片机的输出接口、使用方法和 C 语言程序设计;
- 单片机的接口电气特性和外围电路;
- 单片机的串口通讯、应用与 C 语言程序设计;
- 单片机与 LCD 的连接及 C 语言编程等。

　　本书在编写过程中注重寓教于乐,兴趣为先。将传统单片机原理与应用的学习模式(即先理论讲解,然后实验验证),改变为先实验和实践,然后再归纳单片机原理(即先实践,后归纳)的模式,并以机器人作为贯穿实践过程的典型工程对象,使整个教学和学习过程充满挑战和乐趣,大大提高学习效率。同时在学习和实践的过程中,还可以培养学生的系统世界观和方法论。

　　熟练掌握本教材的学生或者个人,可以继续学习《高级机器人制作》的课程。

　　通过本课程的学习和实践,可以引领学生或者个人进入神奇的信息技术世界和机器人世界。

编　者

2015 年 5 月

Contents

目　录

项目一

C51 单片机与机器人控制基础

1

技能要求

1. 了解 C51 系列单片机 Keil μVision IDE(集成开发环境)软件和 ISP 下载软件的下载和安装。

2. 了解机器人用 C51 教学板与计算机或者笔记本的连接。

3. 掌握如何在集成开发环境中创建目标工程文件,并添加和编辑 C 语言源程序。

4. 掌握 C 语言程序的编译和下载。

5. 掌握串口调试终端的使用。

1. 单片机与 C51 系列单片机

（1）单片机定义

一个完整的计算机系统通常由以下几个部分组成：CPU（Central Processing Unit，中央处理单元；功能：运算、控制）、RAM（Random Access Memory，随机存储器；功能：数据存储）、ROM（Read Only Memory，只读存储器；功能：程序存储）、输入/输出设备（串行接口、并行接口等）。在个人计算机上这几个部分被分成若干块芯片或者插卡，安装在一个被称之为主板的印刷线路板上；而在单片机中，这几个部分全部被做到一块集成电路芯片中，所以称为单片机。

（2）学习单片机的意义

实际生活中并不是任何需要计算机的场合都要求计算机有很高的性能，比如空调温度控制、冰箱温度控制等都不需要很复杂的、高级的计算机。应用的关键是看是否够用，是否有很好的性价比。

单片机凭借体积小、质量轻、价格便宜等优势，已经渗透到人们生活的各个领域：导弹的导航装置、飞机上各种仪表的控制、工业自动化过程的实时控制和数据处理，以及广泛使用的各种智能 IC 卡、民用豪华轿车的安全保障系统、录像机、摄像机、全自动洗衣机、程控玩具、电子宠物等，更不用说自动控制领域的机器人、智能仪表和医疗器械了。

因此，单片机的学习、开发与应用将造就一批计算机应用、嵌入式系统设计与智能化控制的科学家、工程师；同时，学习使用单片机也是了解通用计算机原理与结构的最佳选择。

（3）C51 系列单片机

早期的单片机应用程序开发通常需要仿真机、编程机等配套工具，而配置这些工具需要一笔不小的投资。本教材采用的 AT89S52 是一种高性能、低功耗的 8 位单片机，内含 8 K 字节，不需要仿真机和编程机，只需运用 ISP（In-System Programmable，系统在线编程）电缆就可以对单片机的 FLASH 反复擦写 1 000 次以上，同时器件采用 ATMEL 公司的高密度、非易失性存储技术制造，兼容标准 MCS51 指令系统及其引脚结构，而且配置十分灵活，可扩展性强，因此使用起来特别方便简单，尤其适合初学者使用。在实际工程应用中，功能强大的 AT89S52 已成为许多高性阶比嵌入式控制应用系统的解决方案。

本教材的目的就是运用 AT89S52 作为机器人的大脑制作一款教育机器人，并采用 C 语言对 AT89S52 进行编程，使机器人实现下述 4 个基本智能任务：

① 安装传感器以探测周边环境；

② 基于传感器信息做出决策；

③ 控制机器人运动（通过操作带动轮子旋转的电机）；

④ 与用户交换信息。

通过完成这些任务，在不知不觉中就会掌握 C51 单片机原理与应用开发技术及 C 语言程序设计技术，从而轻松走上嵌入式系统开发之路。

为了方便单片机与电源、ISP 下载电缆、串口线及各种传感器和电机的连接，需要制作一个教学电路板，并将单片机插在教学板上，如图 1-1 所示。

图 1-1　C51 单片机教学板

小 知 识

嵌入式系统和系统在线编程

嵌入式系统是指嵌入到工程对象中能够完成某些相对简单或者某些特定功能的计算机系统。与从 8 位机迅速向 16 位、32 位、64 位过渡的通用计算机系统相比，嵌入式系统有其功能的特殊要求和成本的特殊考虑，从而决定了嵌入式系统在高、中、低端系统 3 个层次中共存的局面。在低端嵌入式系统中，8 位单片机从 20 世纪 70 年代初期诞生至今一直在工业生产和日常生活中广泛使用。

嵌入式系统嵌入到对象系统中，并在对象环境下运行。与对象领域相关的操作主要是对外界物理参数进行采集、处理，对对象实现控制，并与操作者进行人机交互等。

鉴于嵌入式低端应用对象的有限响应要求、嵌入式系统低端应用的巨大市场及 8 位机具有的计算能力，可以预测在未来相当长的时间内，8 位机仍然是嵌入式应用中的主流机型。

系统在线编程（ISP）是指用户可以把已编译好的程序代码通过一条"下载线"直接写入器件的编程（烧录）方法，已经编程的器件也可以用 ISP 方式擦除或再编程。ISP 所用的"下载线"并非不需要成本，但相对于传统的"编程器"成本已经大大下降了。通常 FLASH 型芯片都具备 ISP 下载能力。

2. 机器人与 C51 单片机

图 1-2 所示是本教材使用的机器人工程对象，它采用 AT89S52 单片机作为大脑，通过教学板安装在机器人底盘上。本教材将以此机器人作为典型工程对象，完成上节提到的机器人所需具备的 4 种基本能力，使机器人具有基本的智能。在学习本教材之前，需先学习《基础机器人制作与编程》，组装好该机器人的机械套件和伺服电机，并且调试好机器人伺服电机的零点。也可以在学习该课程的同时，参考《基础机器人制作与编程》的相关章节，在后面的任务中，会根据需要给出相关指引。

图 1-2　采用 C51 单片机的机器人

本项目的主要任务是通过以下步骤学习安装和使用 C51 单片机,通过 C 语言编程开发环境学习如何开发第一个简单的机器人程序,并在机器人上运行所编写的程序。

本项目的具体任务如下:

① 寻找并安装开发编程软件;

② 连接机器人到电池或者供电的电源;

③ 将单片机教学板 ISP 接口连接到计算机,以便编程;

④ 将单片机教学板串行接口连接到计算机,以便调试和交互;

⑤ 通过 C 语言初次编写少量的程序,运用编译器编译生成可执行文件,然后下载到单片机上,通过串口观察机器人上的单片机教学板的执行结果;

⑥ 完成后断开电源。

任务一　获得软件

在本课程的学习中,将反复用到三款软件:Keil μVision2 IDE 集成开发环境、SL ISP 下载软件、串口调试软件。

1. Keil μVision2 IDE 集成开发环境

该软件是德国 Keil 公司出品的 51 系列单片机 C 语言集成开发系统。如果已经学习过《基础机器人制作与编程》,并掌握了 BASIC 语言编程思想和基本技能,将会发现 C 语言在语法结构上更加灵活、功能更加强大,但同时学习和理解起来也稍困难些。

该软件的安装包可以在 Keil 公司的网站(www. keil. com)上获得。

2. SL ISP 软件下载工具

该软件是广州天河双龙电子有限公司推出的一款 ISP 下载软件,使用该软件可以将可执行文件下载到机器人单片机上。该软件的使用需要计算机有并行口。

该软件的安装包可以在双龙公司的网站(www. sl. com. cn)中获得。

3. 串口调试软件

此软件用来显示单片机与计算机的交互信息。在硬件上,所使用的计算机至少要有串口或 USB 接口,以便与单片机教学板的串口进行连接。

教材光盘中提供了该软件的绿色版本,无须安装即可使用。

任务二　安装软件

在教材配套光盘中有几个文件夹,分别是 Keil μVision2 安装包、ISP 软件安装包、串口调试终端、头文件和本书例程的源码。从网站上或教材配套光盘中获得软件安装包后,就可以开始安装了。

安装 Keil μVision2 软件的步骤如下:

① 执行 Keil μVision2 安装程序,选择安装 Eval Version 版进行安装;

② 在后续出现的窗口中全部选择【Next】按钮,将程序默认安装在 C:\Program Files\Keil 文件目录下;

③ 将光盘"头文件"文件夹中的文件拷贝到 C:\Program Files\Keil\C51\INC 文件夹里。

Keil μVision IDE 软件安装到使用的电脑的同时,会在电脑桌面建立一个快捷方式。

安装 ISP 下载软件与此类似,不再赘述。

任务三　硬件连接

C51 教学板(或者说机器人大脑)需要连接电源才可以运行,同时也需要连接到 PC

机(或笔记本电脑)以便编程和交互。接线完成后,就可以用编辑器软件对系统进行测试。下面介绍如何完成上述硬件连接任务。

1. 串口的连接

机器人教学板通过串口电缆连接到 PC 机上以便与用户交互。如果所使用的计算机有串行接口,直接使用串口连接电缆;如果没有,需要使用 USB 转串口适配器,如图 1-3 所示,只需将该串口线一端的串口连接到机器人教学板,另一端连接到计算机的 USB 接口即可。

如果是 Windows 2000 以上的操作系统,通常可以直接使用,无须安装驱动程序。

2. ISP 下载线的连接

机器人程序通过连接到 PC 机并口上的 ISP 下载线来下载到教学板上的单片机内。图 1-4 所示为 ISP 下载线。下载线一端连接到 PC 机的并行接口上,另一端(小端)连接到教学板的程序下载口上。

图 1-3　USB 转串口适配器

图 1-4　ISP 下载线

3. 电池的安装

本教材采用五号碱性电池给机器人的电机和教学板供电。在继续任务前,请先检查机器人底部电池盒内是否已经装好电池,以及是否有正常的电压输出。如果没有,请更换新的电池。更换过程中,确保每颗电池都按照塑料盒子里面标记的电池极性(" + "和" – ")方向装入。

4. 对教学板和单片机进行通电检查

教学底板上有一个三位开关(见图 1-5),当开关拨到"0"位,表示断开教学底板电源。无论是否将电池组或者其他电源连接到教学底板上,只要三位开关位于"0"位,设备就处于关闭状态。

图 1-5　处于关闭状态的三位开关

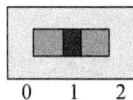

现在将三位开关由"0"位拨至"1"位,打开教学板电源,如图 1-6 所示。检查教学底板上标有"Pwr"的绿色 LED 电源指示灯是否变亮。如果没有,检查电池盒里的电池和电池盒的接头是否已经插到教学板的电源插座上。

图 1-6　处于关闭状态的三位开关

将开关拨至"2"位后,电源不仅要给教学板供电,还会给机器人的执行机构,即伺服电机供电。同样地,此时绿色 LED 电源指示灯仍然会变亮。开关"2"位将会在后续项目中用到。

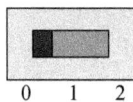

任务四　第一个 C 语言程序

编写和测试一个 C 语言程序,运用编译器编译生成可执行文件,然后下载到 AT89S52 单片机,让它在执行程序时发送一条信息给 PC 机。

1. 创建与编辑第一个程序

(1) 创建项目文件

双击 Keil μVision IDE 的图标,启动 Keil μVision IDE 程序,得到如图 1-7 所示的 Keil μVision2 IDE 的主界面。通过"Project"菜单中的"New Project"命令建立项目文件,过程如下:

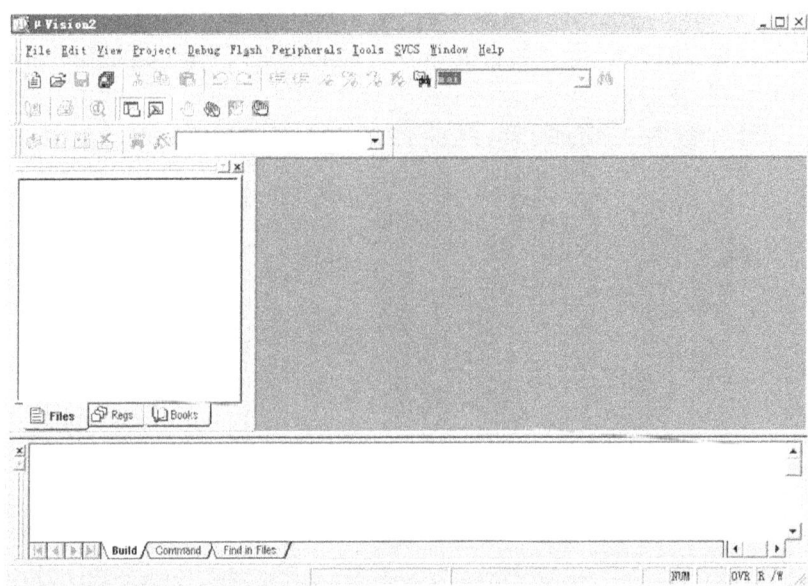

图 1-7　Keil μVision IDE 的主界面

① 点击【Project】,出现如图 1-8 所示的菜单画面,选择【New Project】,出现如图 1-9 所示对话框。

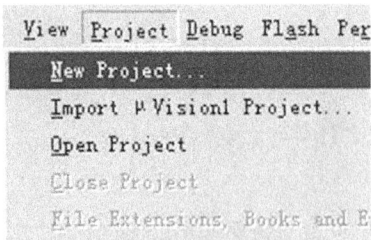

图 1-8　Project 菜单画面

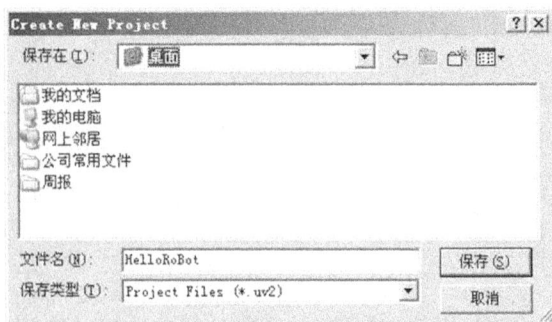

图 1-9　Create New Project 对话框

② 在文件名中输入如"HelloRoBot",保存在合适的位置(如 D:\中级机器人制作与编程\程序\Chapter 1),可不用加后缀名,点击【保存】会出现如图 1-10 所示的窗口。

③ 这里要求选择芯片的类型,Keil μVision2 IDE 几乎支持所有的 51 核心单片机,并以列表的形式给出。本教材使用的是 ATMEL 公司的 AT89S52,在 Keil μVision2 IDE 提供的数据库(Data base)列表中找到此款芯片,然后点击【确定】,会出现如图 1-11 所示的窗口,询问是否加载 8051 启动代码,这里选择"否",不加载(如果选择"是",对程序没有任何影响。若感兴趣,可选择"是",看看编译器加载了哪些代码)。之后出现如图 1-12 画面,此时即得到项目文件。

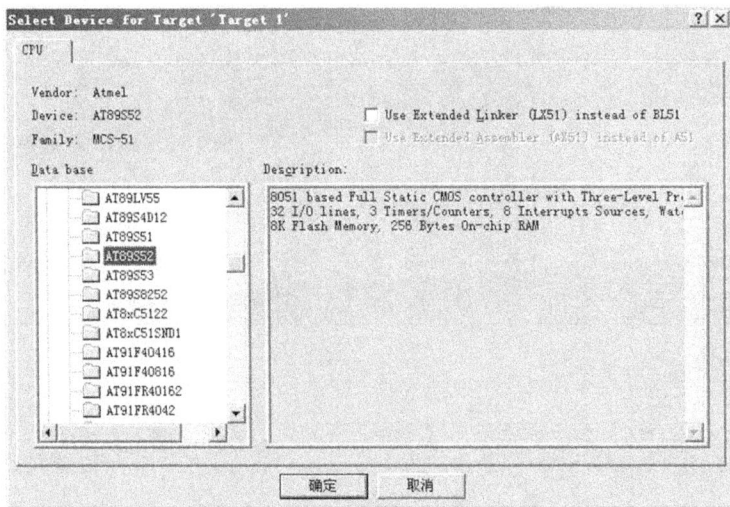

图 1-10　单片机型号选择窗口

图 1-11　是否加载 8051 启动代码提示窗口

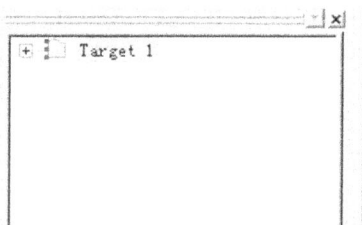

图 1-12　目标工程窗口

（2）程序编写

项目文件创建后，只是一个框架，紧接着需要向项目文件中添加程序文件内容。Keil μVision2 支持 C 语言程序，可以是新建的程序文件，也可以是已经建立好的程序文件。如果是新建立的程序文件，则先将程序文件存盘后再添加；如果是已建立好的程序文件，则直接用下文的方法添加。

点击 按钮（或通过"File - > New"操作）为该项目新建一个 C 语言程序文件，保存后弹出如图 1-13 所示的对话窗口，将文件保存在项目文件夹中，在文件类型中填写". c"（这里". c"为文件扩展名，表示此文件类型为 C 语言源文件），因为下面将采用 C 语言编写第一个程序。

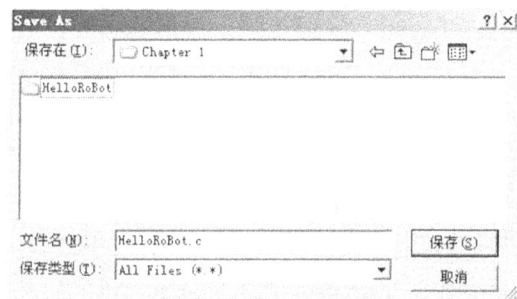

图 1-13　C 语言源文件保存对话框

例程：HelloRoBot. c

```
#include < uart. h >
int main( void)
{
    uart_Init( ); //串口初始化
    printf("Hello,this is a message from your Robot\n");
    while(1);
}
```

（3）添加文件到目标工程

将该例程键入 Keil μVision IDE 的编辑器，并以文件名 HelloRoBot. c 保存。

下一步添加该文件到目标工程项目，具体添加过程如下：

① 单击图 1-12 中的【 + 】,将出现如图 1-14 所示的列表。

② 然后右键点击【Source Group 1】,在出现的菜单下选择"Add File To Group 'Source Group 1'",出现"Add Files to Group Source 'Group1'"对话框,在该对话框中选择需要添加的程序文件。如刚才建立的 HelloRoBot.c,单击【Add】按钮,把所选文件添加到项目文件中,一次可添加多个文件。

③ 程序文件添加到项目文件后,图 1-14 中"Source Group 1"的前面将出现一个【 + 】号。单击它,将出现刚才添加的源文件名,如图 1-15 所示(注意:图中显示的文件名是刚才输入的文件名)。双击源文件即可显示源文件的编辑界面。

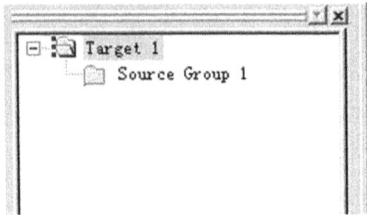

图 1-14　添加 C 语言文件到目标工程

图 1-15　添加了 C 语言文件的目标工程

(4)生成可执行文件

要生成可执行的 .Hex 文件,需要对目标工程"Target 1"进行编译设置,右键点击【Target 1】,选择"Option for Target 'Target 1'"。点击【output】,选择其中的"Create HEX Filc",如图 1-16 所示,点击【确定】关闭设置窗口。然后点击 Keil μVision IDE 快捷工具栏中的 ,Keil 的 C 编译器根据要生成的目标文件类型开始对目标工程项目中的 C 语言源文件进行编译。编译过程中,可以观察源文件中有没有错误产生。如果没有错误产生,在 IDE 主窗口的下面将出现图 1-17 的提示信息,表明已成功生成了可执行文件,并存储在 C 语言源程序存储的目录中,文件名就是 HelloRoBot.Hex。

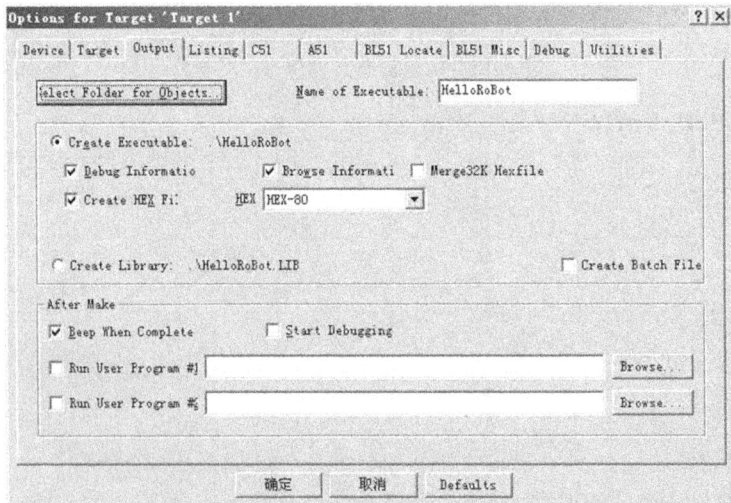

图 1-16　设置目标工程的编译输出文件类型

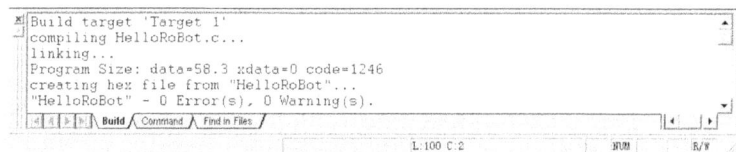

```
Build target 'Target 1'
compiling HelloRoBot.c...
linking...
Program Size: data=58.3 xdata=0 code=1246
creating hex file from "HelloRoBot"...
"HelloRoBot" - 0 Error(s), 0 Warning(s).
```

图 1-17　编译过程的输出提示信息

2. 下载可执行文件到单片机

点击 ISP 下载软件图标,打开 ISP 下载软件窗口,如图 1-18 所示,并将通信参数设置成图中所示的参数。

第一个为接口类型选择窗口,该窗口的下拉列表中提供了许多接口类型:串口 COM1 ~ COM16、并口 LPT1 ~ LPT3 及 USB 接口等。本教材使用并口 LPT1。

第二个为下载速度选择窗口,该窗口内容与接口类型紧密相连。对于不同的接口,该窗口提供不同内容的下载速度。若选择 LPT1,则提供 5 种下载速度:TURBO 模式、FAST 模式、NORMAL 模式、SLOW 模式和 TURBO SLOW 模式。在这 5 种模式下,程序的下载速度依次减小。教材中的例程使用的是第一种模式 TURBO 模式,下载速度最快。

第三个为单片机型号选择窗口。教材中使用的型号是 AT89S52。

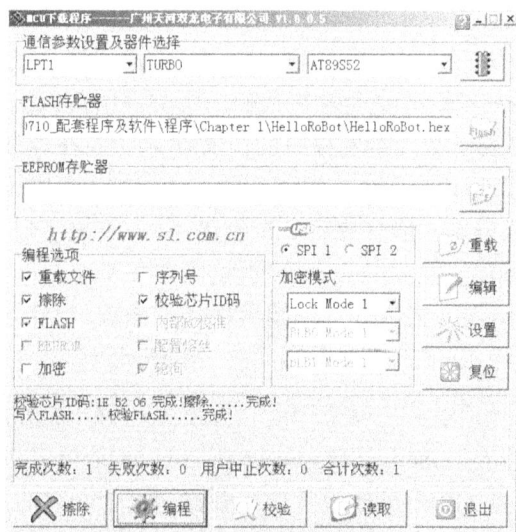

图 1-18　ISP 软件下载窗口

点击【FLASH】,选择要下载的可执行 HEX 文件——HelloRoBot. Hex,选择后点击【编程】开始下载。如果下载成功,显示"完成次数:×",否则显示"失败次数:×"。

如果芯片是第二次下载程序,请先选中【擦除】复选框。

3. 用串口调试软件查看单片机输出信息

打开串口调试终端,选择串口"com1"后点击"打开串口",会发现在"接收区"内什么也没看到。这是因为从把执行文件成功下载到单片机的那个时刻开始,程序就开始运行了,并且单片机已经向 PC 机发送了信息。那么,错过了信息接收,该怎么办呢?

机器人教学板上提供了【Reset】按钮,可以让下载到单片机内的程序重新运行一次。按下【Reset】按钮,就会出现如图 1-19 所示的画面。

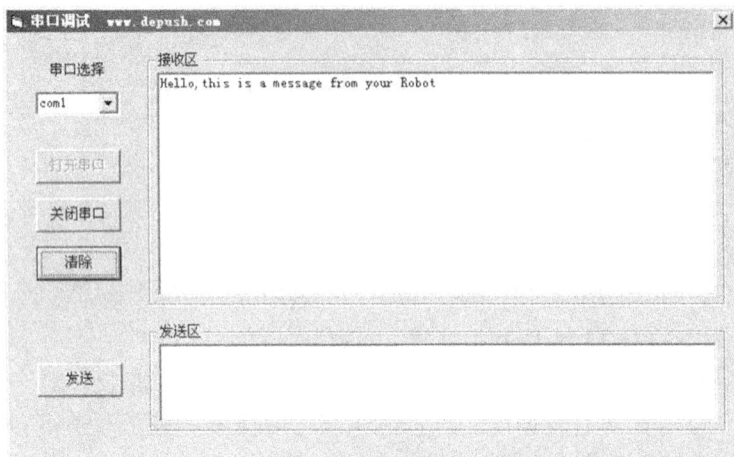

图 1-19　串口调试终端

4. 函数

例程中第一行代码是 HelloRoBot. c 所包含的头文件。该头文件在编译过程中用来将下面程序中需要用到的标准数据类型和由 C 语言编译器提供的一些标准输入/输出函数、中断服务函数等包括进来,生成可执行代码。头文件中可以嵌套头文件,同时也可以直接定义一些常用的功能函数。本例程中的头文件 uart. h 在本教材的后续任务中都要用到,它包含了本例程及后面例程中都要用到的 uart_Init( )函数的定义和实现。

一个较大的 C 语言程序一般分成若干个模块,每个模块实现一定的功能,称之为函数。任何一个 C 语言程序本身就是一个函数,该函数必须以 main 函数作为程序的起点,通常称 main 函数为主函数。主函数可以调用任何子函数,子函数之间也可以相互调用(但是子函数不可以调用主函数)。函数定义的一般格式为:

> 函数返回值的类型　函数名(形式参数 1,形式参数 2,……)

第二行就是程序的入口 main 函数。main 前面的 int 是指定 main 函数返回值类型为整数类型,括号中 void 或无内容表示没有形式参数。每个函数的主体都要用"{ }"括起来(反思同 BASIC 语言编程的区别)。函数的具体讲解将在项目三中展开。

main 函数主体中有两行语句:第一行是串口初始化函数 uart_Init( ),用来规定单片机串口是如何与 PC 通信的。有兴趣的话,可以打开 uart. h 头文件,看看该函数是如何实现的,如果其中有不懂的内容,可以先记住这个函数的功能,以后慢慢学习和理解。这行语句中"//"后的是注释。注释是一行会被编译器忽视的文字,因为注释是为了给人阅读的。

函数体中的第二行语句 printf 命令的作用是单片机通过串口向 PC 机发送一条信息。printf 函数的功能是产生格式化输出的函数。其一般格式为:

> printf(格式控制字符串,参数 1,参数 2,…,参数 n);

其中,格式控制字符串定义为:

$$\%\,[\,flags\,]\,[\,width\,]\,[\,.\,perc\,]\,[\,F\,|\,N\,|\,h\,|\,l\,]\,type$$

type:格式字符,用以指定输出项的数据类型和输出格式。

d	有符号十进制整数
o	无符号八进制整数
u	无符号十进制整数
x	无符号的十六进制数字,并以小写 abcdef 表示
X	无符号的十六进制数字,并以大写 ABCDEF 表示
f	浮点数(实数)
E/e	用科学计数法表示浮点数(实数)
g	自动选 f 格式或 e 格式中较短的一种输出,且不输出无意义的 0
c	单个字符
s	字符串
S	wchar_t 字符(宽字符)类型字符串
%	显示百分号本身,表示格式说明的起始符号,不可缺少
p	显示一个指针,near 指针表示为:XXXX,far 指针表示为:XXXX:YYYY
n	相连参量应是一个指针,其中存放已写字符的个数

flags:规定输出格式。

无	右对齐,左边填充 0 和空格
−	左对齐,右边填充空格
+	在数字前增加符号 + 或 −
0	在输出的前面补上 0,直到占满指定列宽为止(不可以搭配使用 −)
空格	输出值为正时冠以空格,为负时冠以负号
#	当 type = c,s,d,i,u 时没有影响;当 type = o,x,X 时,分别在数值前增加"0""0x""0X";当 type = e,E,f 时,总是使用小数点;当 type = g,G 时,除了数值为 0 外总是显示小数点

width:用于控制显示数值的宽度。

n(n = 1,2,3⋯)	宽度至少为 n 位,不够以空格填充
0n(n = 1,2,3⋯)	宽度至少为 n 位,不够左边以 0 填充
*	格式列表中,下一个参数还是 width

prec:用于控制小数点后面的位数。

无	按缺省精度显示,隐含的精度为 n = 6 位
0	当 type = d,i,o,u,x 时,没有影响;当 type = e,E,f 时,不显示小数点
n(n = 1,2,3...)	当 type = e,E,f 时,表示最大的小数位数;type = 其他,表示显示的最大宽度
. *	格式列表中,下一个参数还是 width

F｜N｜h｜l

F	远指针
N	近指针
h	短整数或单精度浮点数(实数)
l	长整数或双精度浮点数(实数)

小知识

如何快速地认识新的软件?

面对一款新软件,人们可能有一种无从下手的感觉:这个是干嘛的? 那个又是干嘛的? 其实,软件本身就提供了问题的答案。

每一款软件都提供帮助文档。如 SL ISP 软件界面的右上角有个"?"按钮,单击它会弹出一系列的选项,这些选项对该款软件做出了大致的解释,有助于快速掌握软件的使用。

任务五　实验结束,关断电源

做完实验之后,须将电源从教学底板上断开,这一点很重要,原因如下:首先,如果系统在不使用时没有电能消耗,电池可以用得更久;其次,在以后的实验中,将在教学底板的面包板上搭建电路,搭建电路时,应使面包板断电。如果是在教室,教师可能会有额外的要求,如断开串口电缆,把教学底板存放到安全的地方等。总之,做完实验后最重要的一步是断开电源。

断开电源比较容易,只要将三位开关拨到左边的"0"位即可。

思考题

1. 比较 Keil μVision IDE 与 BASIC Stamp 系列开发环境的优、缺点,并分析它们的共同特点。

2. 比较第一个 C 语言程序与第一个 BASIC 程序的异同。

3. 比较 BASIC Stamp 的 BASIC 调试指令和 Keil C 的输出指令 printf 的异同。

项目二

单片机控制机器人伺服电机

技能要求

1. 了解 C51 系列单片机的引脚定义和分布。

2. 掌握用 C51 单片机的 P1 端口的位输出控制单灯和双灯闪烁,了解时序图的概念、while 循环的引入和延时函数的使用。

3. 了解机器人伺服电机的控制脉冲序列,通过给 C51 编程让其输出这些控制脉冲序列。

4. 掌握自增运算符、for 循环的使用。

5. 掌握通过串口输入数据控制机器人运动的方法。

本项目主要研究如何用单片机 AT89S52 的输入/输出接口来连接、测试和控制机器人伺服电机。为此,需要理解和掌握用单片机输入/输出接口控制伺服电机方向、速度和运行时间的相关原理和编程技术。

通过让单片机的输入/输出(I/O)接口输出不同的脉冲序列来使机器人伺服电机以不同速度运行。51 系列单片机有 4 个 8 位的并行 I/O 口:P0,P1,P2 和 P3。这 4 个接口既可以作为输入,也可以作为输出;可按 8 位处理,也可按位方式(1 位)使用。图 2-1 是单片机 AT89S52 的引脚定义图,这是一个标准的 44 引脚贴片封装集成电路芯片。

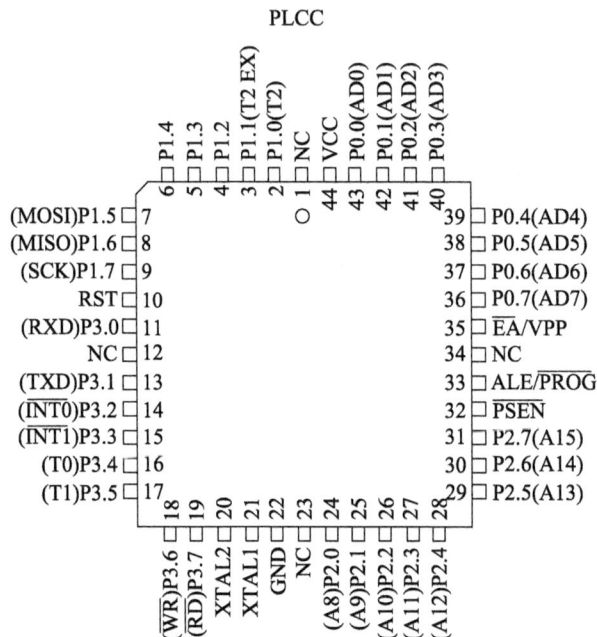

图 2-1　单片机 AT89S52 引脚 I/O 定义图

由图可知,AT89S52 共有 44 个引脚,其中 32 个是 I/O 端口引脚。在这 32 个引脚中,有 29 个(用圆括号标出)既可作为 I/O 端口,也可作为控制信号或地址及数据线。

任务一　单灯闪烁控制

为了验证 P1 口的输出电平是否是所编写的程序输出的电平,可以采用一个非常简单有效的办法,即在想验证的端口位接一个发光二极管。当程序输出高电平时,发光二极管熄灭;当程序输出低电平时,发光二极管点亮。

本任务中使用 P1 端口的第一个引脚(记为 P1_0)来控制发光二极管以 1 Hz 的频率不断闪烁。

1. 电路搭建

(1) LED 电路元件

① 红色发光二极管 2 个;

② 470 Ω 电阻 2 个。

(2) LED 电路搭建

如果已经学习过《基础机器人制作与编程》这本教材,肯定很熟悉如图 2-2 所示的电路。按照图 2-2 a 所示电路,在智能机器人教学板的面包板上搭建实际电路。实际搭建好的电路如图 2-2 b 所示。实际搭建电路时注意:

① 确认发光二极管的短针脚(阴极)插入通过电阻 R1,并与 P1_0 相连;

② 确认发光二极管的长针脚(阳极)插入"VCC"插口。

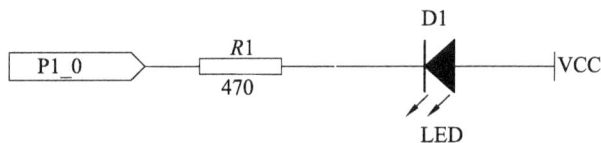

(a) 发光二极管与I/O脚P1_0的连接电路

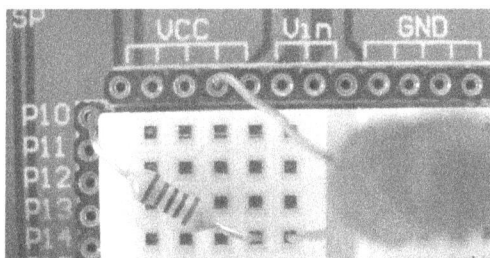

(b)实际搭建电路

图 2-2　电路图

2. 程序编写

例程:HighLowLed. c

● 接通板上的电源

● 输入、保存、下载并运行程序 HighLowLed. c(整个过程请参考项目一)

● 观察与 P1_0 连接的 LED 是否每隔一秒发光、熄灭一次

```
#include < BoeBot. h >
#include < uart. h >
int main( void)
{
    uart_Init( );//初始化串口
    printf("The LED connected to P1_0  is blinking!  \n");
    while(1)
```

```
{
    P1_0 = 1;// P1_0 输出高电平
    delay_nms(500);//延时 500 ms
    P1_0 = 0;// P1_0 输出低电平
    delay_nms(500);//延时 500 ms
  }
}
```

与项目一程序相比,本例程多使用了一个头文件 BoeBot. h,在该头文件中定义了两个延时函数:void delay_nms(unsigned int n)与 void delay_nus(unsigned int n),其中 unsigned int 表示无符号整型数据。项目一讲到的整型数据 int 的数据取值范围为 $-32\,768 \sim +32\,767$,而无符号整型数据的取值范围变为 $0 \sim 65\,535$,也就是说它只能取非负整数。

delay_nms( )是毫秒级的延时,而 delay_nus( )是微秒级的延时。如果想延时 1 秒钟,可以使用语句 delay_nms(1000);1 毫秒的延时则用语句 delay_nus(1000)来完成。

注意:上述延时函数是在外部晶振为 12 MHz 的情况下设计的,如果外部晶振频率不是 12 MHz,调用这两个函数所产生的真正延时会发生变化。

小知识

晶振的作用

单片机要能工作,就必须有一个标准时钟信号,而晶振就是为单片机提供标准时钟信号的。

uart_Init( )为串口初始化函数,在头文件 uart. h 中实现,具体内容将在后面项目中讲解。

调用 printf 是为了在程序执行前给调试终端发送一条提示信息,表明程序现在开始执行,并提示随后程序将干什么。这在以后的编程开发过程中将非常有助于提高程序的调试效率。

代码段:

```
while(1)
{
    P1_0 = 1;// P1_0 输出高电平
    delay_nms(500);//延时 500 ms
    P1_0 = 0;// P1_0 输出低电平
    delay_nms(500);//延时 500 ms
}
```

是本程序的功能主体。首先看两个大括号中的代码:先给引脚 P1_0 输出高电平,由赋值语句 P1_0 = 1 完成,然后调用延时函数 delay_nms(500),让单片机微控制器等待 500 ms,

再让引脚 P1_0 输出低电平,即 P1_0 =0,然后再次调用延时函数 delay_nms(500),这样就完成了一次闪烁。在程序中,引脚 P1_0 已经在由 C 语言为 C51 开发的标准库中定义好,由头文件 uart. h 包括进来。后续项目中将要用到的其他引脚名称和定义都是如此。

需要注意的是,所有计算机系统中,都用 1 表示高电平,0 表示低电平,所以,P1_0 =1 表示要向该端口输出高电平,而 P1_0 =0 表示向该端口输出低电平。

例程中两次调用延时函数,让单片机微控制器在给 P1_0 引脚端口输出高电平和低电平之间都延时 500 ms,即输出的高电平和低电平都保持 500 ms。

微控制器的最大优点之一就是可以不停地重复做同样的事情。为了让 LED 不断闪烁,需要将使 LED 闪烁一次的几个语句放在 while(1){…}循环里。这里用到了 C 语言实现循环结构的一种形式:while 语句。while 语句的一般形式如下:

while(表达式)　　循环体语句

当表达式为非 0 值时,执行 while 语句中的内嵌语句,其特点是先判断表达式,后执行语句。例程中直接用 1 代替了表达式,因此总是非 0 值,所以循环永不结束,也就可以一直让 LED 灯循环闪烁。

需要注意的是,循环体语句如果包含一个以上的语句,就必须用花括号("{ }")括起来,以复合语句的形式出现。如果不加花括号,则 while 语句的范围只到 while 后面的第一个分号处。例如,本例中 while 语句中若没有花括号,则 while 语句只执行到"P1_0 =1;"。

当然也可以不要循环体语句,如项目一例程中就直接用 while(1),程序将一直停在此处。

3. 时序图简介

时序图反映的是高、低电压信号与时间的关系图。在图 2-3 中,时间从左到右增长,高、低电压信号随着时间在 0 V 或 5 V 间变化。这个时序图显示的是本实验中 1 000 ms 的高、低电压信号片段。右边的省略号表示这些信号是重复出现的。

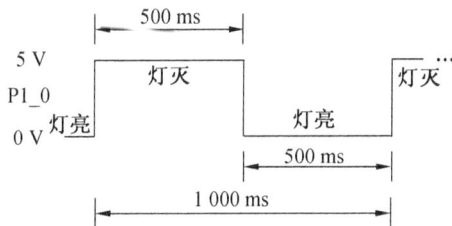

图 2-3　程序 HighLowLed. c 的时序图

4. 试一试——让另一个 LED 闪烁

让另一个连接到 P1_1 管脚的 LED 闪烁是一件很容易的事情,只需把 P1_0 改为 P1_1,重新运行程序即可。

参考下面的代码段修改程序:

```
uart_Init();
printf("The LED connected to P1_1  is blinking! \n");
while(1)
{
  P1_1 = 1;// P1_1 输出高电平
  delay_nms(500);//延时 500 ms
  P1_1 = 0;// P1_1 输出低电平
  delay_nms(500);//延时 500 ms
}
```

运行修改后的程序,确定能让 LED 闪烁。

也可以让两个 LED 同时闪烁,参考下面代码段修改程序:

```
uart_Init();
printf("The LEDs connected to P1_0 and P1_1 are blinking! \n ");
while(1)
{
  P1_0 = 1;// P1_0 输出高电平
  P1_1 = 1;// P1_1 输出高电平
  delay_nms(500);//延时 500 ms
  P1_0 = 0;// P1_0 输出低电平
  P1_1 = 0;// P1_1 输出低电平
  delay_nms(500);//延时 500 ms
}
```

运行修改后的程序,确定能让两个 LED 几乎同时闪烁。

当然可以再次修改程序,让两个发光二极管交替亮或灭;也可以通过改变延时函数的参数 n 的值,来改变 LED 的闪烁频率。

任务二　机器人伺服电机控制信号

本教材所用的机器人伺服电机与《基础机器人制作与编程》中的电机相同。回想一下,控制伺服电机转动速度的信号是否是图 2-4、2-5 和 2-6 所示的脉冲信号。

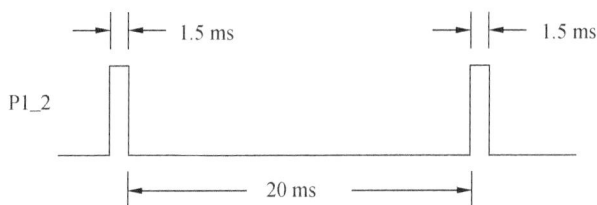

图 2-4　电机转速为零的控制信号时序图

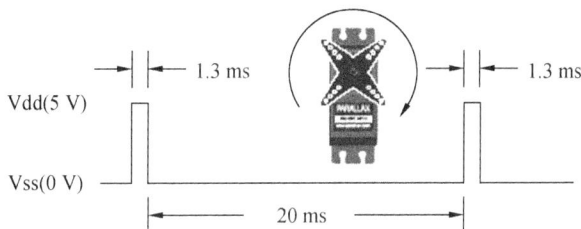

图 2-5　1.3 ms 的控制脉冲序列使电机顺时针全速旋转

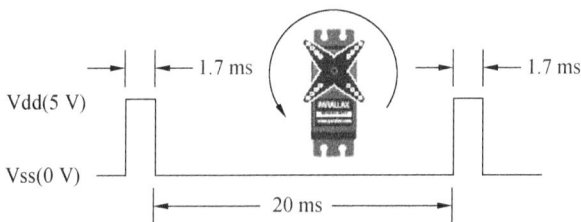

图 2-6　1.7 ms 的连续脉冲序列使电机逆时针全速旋转

图 2-4 是高电平持续 1.5 ms、低电平持续 20 ms,然后不断重复的控制脉冲序列。该脉冲序列发给经过零点标定后的伺服电机,伺服电机不会旋转。如果此时电机旋转,表明电机需要标定,可以参考《基础机器人制作与编程》中有关伺服电机标定的部分。从图 2-4、2-5 和 2-6 可知,控制电机运动转速的是高电平持续的时间。当高电平持续时间为 1.3 ms 时,电机顺时针全速旋转;当高电平持续时间为 1.7 ms 时,电机逆时针全速旋转。下面研究如何给单片机微控制器编程,使 P1 端口的引脚 P1_0 发出伺服电机的控制信号。

1. 电路搭建

在进行下面的实验之前,必须首先确认机器人两个伺服电机的控制线是否已经正确连接到了 C51 单片机教学板的两个专用电机控制接口上。参照如图 2-7 所示的电机连接原理图进行检查。从图 2-7 可知,P1_0 引脚的控制输出用来控制右边的伺服电机,而 P1_1 引脚则用来控制左边的伺服电机。

2. 程序编写

显然这里要求微控制器编程发给伺服电机的高、低电平信号必须具备更精确的时间。因为单片机只有整

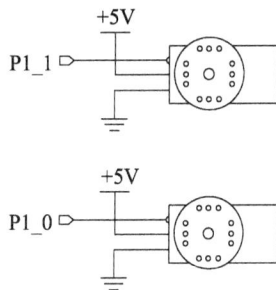

图 2-7　伺服电机与教学底板的连线原理图

数,没有小数,所以要生成伺服电机的控制信号,要求具有比 delay_nms() 函数的时间更精确的函数,这就需要用另一个延时函数 delay_nus(unsigned int n)。前面已经介绍过,这个函数可以实现更小的延时,它的延时单位是微秒,即千分之一毫秒,参数 n 为延时微秒数。

请看下面的代码片断:

```
while(1)
{
    P1_0 = 1;//P1_0 输出高电平
    delay_nus(1500);//延时 1.5 ms
    P1_0 = 0;//P1_0 输出低电平
    delay_nus(20000);//延时 20 ms
}
```

如果用这个代码段代替例程 HighLowLed. c 中相应程序片断,就会输出如图 2-4 所示的脉冲信号。如果有示波器,可以用示波器观察引脚 P1_0 输出的波形是否如图 2-4 所示。同时,观察连接到该引脚的机器人轮子是否静止不动。如果它在慢慢转动,就说明机器人伺服电机可能没有经过调整。

同样,用下面的程序片断代替例程 HighLowLed. c 中相应程序片断,编译、连接、下载执行代码,观察连接到 P1_0 引脚的机器人轮子是否顺时针全速旋转。

```
while(1)
{
    P1_0 = 1;//P1_0 输出高电平
    delay_nus(1300);//延时 1.3 ms
    P1_0 = 0;//P1_0 输出低电平
    delay_nus(20000);//延时 20 ms
}
```

用下面的程序片断代替例程 HighLowLed. c 中相应程序片断,编译、连接、下载执行代码,观察连接到 P1_0 引脚的机器人轮子是否逆时针全速旋转。

```
while(1)
{
    P1_0 = 1;//P1_0 输出高电平
    delay_nus(1700);//延时 1.7 ms
    P1_0 = 0;//P1_0 输出低电平
    delay_nus(20000);//延时 20 ms
}
```

上面是让连接到 P1_0 引脚的伺服电机轮子全速旋转,下面可以修改程序让连接到 P1_1 引脚的伺服电机轮子全速旋转。

当然,最后还需要修改程序,让机器人的两个轮子都能够旋转。让机器人两个轮子都顺时针全速旋转可参考如下程序。

例程:BothServoClockwise.c

- 接通板上的电源
- 输入、保存、下载并运行程序 BothServoClockwise.c(整个过程请参考项目一)
- 观察机器人的运动行为

```
#include < BoeBot. h >
#include < uart. h >
int main( void)
{
  uart_Init( ) ;//初始化串口
  printf("The LEDs connected to P1_0 and P1_1 are blinking! \n ");
  while(1)
  {
    P1_0 = 1;//P1_0 输出高电平
    P1_1 = 1;//P1_1 输出高电平
    delay_nus(1300) ;//延时 1.3 ms
    P1_0 = 0;//P1_0 输出低电平
    P1_1 = 0;//P1_1 输出低电平
    delay_nms(20) ;//延时 20 ms
  }
}
```

注意上述程序用到了两个不同的延时函数,效果与前面的例子是一样的。

任务三　计数并控制循环次数

任务二中已经通过 C51 编程实现了对机器人伺服电机的控制,为了让微控制器不断发出控制指令,用到了以 while(1)开头的死循环(即永不结束的循环)。不过在实际的机器人控制过程中,会经常要求机器人运动一段给定的距离或者一段固定的时间,这时就需要控制代码执行的次数。

1. 程序编写

控制一段代码执行次数最方便的方法是利用 for 循环,语法如下:

for(表达式 1;表达式 2;表达式 3) 语句

它的执行过程为:

① 求解表达式 1;

② 求解表达式 2,若其值为真(非 0),则执行 for 语句中指定的内嵌语句,然后执行
③;若其值为假(0),则结束循环,转到⑤;

③ 求解表达式 3;

④ 转回②继续执行;

⑤ 循环结束,执行 for 语句下面的语句。

for 语句最简单的应用形式如下:

for(循环变量赋初值;循环条件;循环变量增/减值)语句

例如,下面是一个用整型变量 myCounter 来计数的 for 循环程序片断。每执行一次循
环,就会显示 myCounter 的值。

```
for( myCounter = 1; myCounter <= 10; myCounter ++ )
{
    printf("% d",myCounter);
    delay_nms(500);
}
```

C 语言有两个很有用的运算符——自增和自减,即" ++ "和" -- "。

运算符" ++ "是操作数加 1,而" -- "是操作数减 1,换句话说,"x = x + 1;"等同于"x
++ ;","x = x - 1;"等同于"x -- ;"。

myCounter ++ 的作用就相当于 myCounter = myCounter + 1,只不过这样使用起来更简
洁,这也是 C 语言的特点之一。

因此,可以修改表达式 3 使 myCounter 以不同步长计数,而不是按 9, 10, 11…逐一计
数,即可以每次增加 2(9, 11,13…)或增加 5(10, 15, 20…)或任何想要的步进递增或递
减。下面的例子是每次减 3。

```
for( myCounter = 21; myCounter >= 9; myCounter = myCounter - 3)
{
    printf("% d\n",myCounter);
    delay_nms(500);
}
```

到目前为止,已经讲解了脉冲宽度控制连续旋转电机速度和方向的原理。控制电机
速度和方向的方法是非常简单的,而控制电机运行的时间也非常简单,就是用 for 循环。

下面是 for 循环控制电机运行时间的例子。

```
for( Counter = 1 ; Counter < = 100 ; Counter + + )
{
  P1_1 = 1 ;
  delay_nus( 1700 ) ;
  P1_1 = 0 ;
  delay_nms( 20 ) ;
}
```

现计算这个代码能使电机转动的确切时间长度。每循环一次,delay_nus(1700)持续1.7 ms,delay_nms(20)持续20 ms,其他语句的执行时间很少,可忽略。那么 for 循环整体执行一次的时间是:1.7 ms + 20 ms = 21.7 ms,本循环执行 100 次,即 21.7 ms 乘以100,时间 = 100 × 21.7 ms = 100 × 0.021 7 s = 2.17 s。

假如要让电机运行 4.34 s,for 循环必须执行上面两倍的时间。

```
for( Counter = 1 ; Counter < = 200 ; Counter + + )
{
  P1_1 = 1 ;
  delay_nus( 1700 ) ;
  P1_1 = 0 ;
  delay_nms( 20 ) ;
}
```

例程:ControlServoRunTimes. c

● 输入、保存并运行程序 ControlServoRunTimes. c
● 验证与 P1_1 连接的电机逆时针旋转是否是 2.17 s,与 P1_0 连接的电机逆时针旋转是否是 4.34 s。

```
#include < BoeBot. h >
#include < uart. h >
int main( void )
{
  int Counter;
  uart_Init( ) ;
  printf( "Program Running!  \n" ) ;

  for( Counter = 1 ; Counter < = 100 ; Counter + + )
  {
    P1_1 = 1 ;
    delay_nus( 1700 ) ;
```

```
    P1_1 = 0;
    delay_nms(20);
  }
  for( Counter = 1 ; Counter < = 200 ; Counter + + )
  {
    P1_0 = 1;
    delay_nus(1700);
    P1_0 = 0;
    delay_nms(20);
  }
  while(1);
}
```

假如想让两个电机同时运行,给引脚 P1_1 连接的电机发送 1.7 ms 的脉宽,给引脚 P1_0 连接的电机发送 1.3 ms 的脉宽,那么每经历一次循环要用的时间是:

1.7 ms(与 P1_1 连接的电机) + 1.3 ms(与 P1_0 连接的电机) + 20 ms(中断持续时间) = 23 ms

如果想使机器人运行一段确定的时间,可以按如下方法计算:

$$脉冲数量 = 时间/0.023$$

假如想让电机运行 3 s,计算如下:

$$脉冲数量 = 3 / 0.023 = 130$$

相应地,将 for 循环做如下修改:

```
  for( Counter = 1 ; Counter < = 130 ; Counter + + )
  {
    P1_1 = 1;
    delay_nus(1700);
    P1_1 = 0;

    P1_0 = 1;
    delay_nus(1300);
    P1_0 = 0;
    delay_nms(20);
  }
```

下面是一个使电机向一个方向旋转 3 s,然后反向旋转的程序例子。

例程:BothServosThreeSeconds. c

● 输入、保存并运行程序 BothServosThreeSeconds. c
● 验证电机是否向一个方向运行 3 s 后反向运行 3 s。

```
#include < BoeBot. h >
#include < uart. h >
int main( void)
{
  int counter;
  uart_Init( );
  printf("Program Running! \n");

  for( counter = 1 ; counter < = 130 ; counter + + )
  {
    P1_1 = 1;
    delay_nus( 1700);
    P1_1 = 0;

    P1_0 = 1;
    delay_nus( 1300);
    P1_0 = 0;
    delay_nms( 20);
  }
  for( counter = 1 ; counter < = 130 ; counter + + )
  {
    P1_1 = 1;
    delay_nus( 1300);
    P1_1 = 0;

    P1_0 = 1;
    delay_nus( 1700);
    P1_0 = 0;
    delay_nms( 20);
  }
  while( 1);
}
```

2. 试一试——用 LED 指示电机运动状态

在实际应用中,LED 往往起到状态提示的作用,交通红绿灯就是一个典型的应用。可以修改程序来模拟交通灯运行过程:假设 A 灯为交通灯,B 灯为电机运行状态指示灯。模拟过程如下:

① A 灯闪烁,B 灯灭,电机停止运行;

② A 灯灭,B 灯亮,电机开始运行;

③ B 灯闪烁,电机减速运行;

④ B 灯灭,A 灯闪烁,电机停止运行;如此往复。

还可以添加更多的 LED 来反映电机的其他信息,如左右拐弯等。可以亲自动手编程实验。

任务四　用计算机控制机器人的运动

在工业自动化中,经常运用单片机与计算机通信。一方面,单片机需要读取周边传感器的信息,并把数据传给计算机;另一方面,计算机需要解释和分析传感器数据,然后把分析结果或者决策发给单片机以执行某种操作。

在项目一中已经知道 C51 单片机可以通过串口向计算机发送信息,本项目将使用串口和串口调试终端软件,通过计算机向单片机发送数据来控制机器人的运动。

在本任务中,需要编程让 C51 单片机从调试窗口接收两个数据:

① 由单片机发给伺服电机的脉冲个数;

② 脉冲宽度(以微秒为单位)。

例程:ControlServoWithComputer. c

● 输入、保存、下载并运行程序 ControlServoWithComputer. c

● 验证机器人各个轮子的转动是否同期望的运动一样

```c
#include < BoeBot. h >
#include < uart. h >
int main( void)
{
    int Counter;
    int PulseNumber,PulseDuration;
    uart_Init( );
    printf("Program Running! \n");
    printf("Please input pulse number:\n");
    scanf("% d",&PulseNumber);
    printf("Please input pulse duration:\n");
    scanf("% d",&PulseDuration);

    for( Counter = 1;Counter <= PulseNumber;Counter ++)
```

```
    {
        P1_1 = 1;
        delay_nus(PulseDuration);
        P1_1 = 0;
        delay_nms(20);
    }
    for(Counter = 1;Counter <= PulseNumber;Counter ++)
    {
        P1_0 = 1;
        delay_nus(PulseDuration);
        P1_0 = 0;
        delay_nms(20);
    }
    while(1);
}
```

单片机通过串口从计算机读取输入的数据,需要用到格式输入函数 scanf 函数。scanf 函数与 printf 函数对应,在 C51 库的 stdio.h 中定义。下面是它的一般形式:

scanf("格式控制字符串",地址表列);

"格式控制字符串"的作用与 printf 函数相同,但不能显示非格式字符串,也就是不能显示提示字符串。

"地址表列"中给出各变量的地址。地址是由地址运算符"&"后跟变量名组成的。如"&a"表示变量 a 的地址,这个地址是编译系统在存储器中给变量 a 分配的地址,不必关心具体的地址是多少。变量的值和变量的地址是两个不同的概念。例如:a = 123,a 为变量名,123 是变量 a 的值,&a 则是变量的地址。

scanf("%d",&PulseNumber)语句就是把输入的十进制整数赋给变量 PulseNumber。

程序运行过程(见图 2-8)如下:

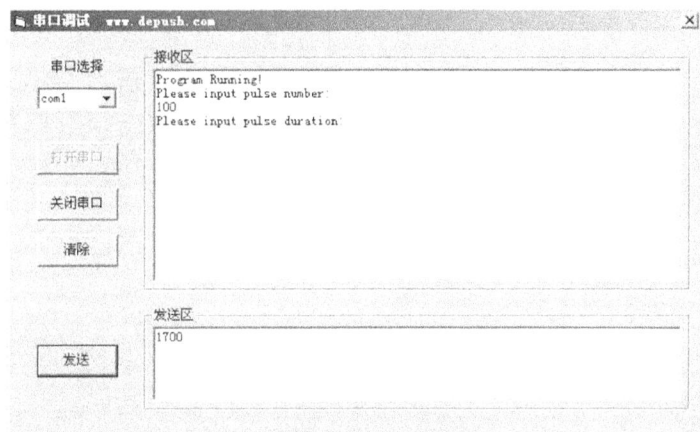

图 2-8 例程运行过程

① 首先输出"Program Running！"和"Please input pulse number："；

② 程序处于等待状态，等待输入数据；

③ 将输入的数据赋给变量 PulseNumber；

④ 输出"Please input pulse duration："；

⑤ 又处于等待状态，等待输入数据；

⑥ 将输入的数据赋给变量 PulseDuration；

⑦ 电机运转。

小 知 识

一次输入多个数据

当要求输入数据比较多时，上文介绍的方法就显得比较麻烦。下面的代码可以一次输入两个数据，两个数据之间用空格隔开：

printf("Please input pulse number and pulse duration：\n")；

scanf("%d %d",&PulseNumber,&PulseDuration)；

想一想，如果要输入三个及以上数据，程序代码段又该如何编写？

思 考 题

1. 比较 BS2 控制模块与 C51 单片机的输入/输出接口使用方法的异同。

2. 比较 C 语言程序与 BASIC 程序的异同，并分析它们的共同点。

3. 比较 C 语言的 for 循环和 PBASIC 的 for 循环二者的异同。

4. 查找 C 语言的标准输入/输出库函数，了解 scanf 函数的总体功能。

项目三

机器人巡航控制

技能要求

1. 归纳机器人的基本巡航动作并采用 C51 单片机编程实现这些基本动作。
2. 用牛顿力学和运动学知识分析机器人的运动行为。
3. 采用匀变速运动改善机器人的基本运动行为。
4. 基于函数的定义和调用方法,用 C 语言的函数实现机器人的基本动作。
5. 分析机器人基本动作函数的实现特点,用一个函数定义机器人的所有行为。
6. 使用不同的数组来建立复杂的机器人运动。
7. 掌握分支语句的使用。

单片机编程可以使机器人完成各种巡航动作。本项目所要介绍的这些巡航动作和编程技术在后面的项目中都会用到。与后面项目唯一不同的是:本项目机器人在"无感觉"的情况下巡航,而在后面的项目中,机器人将根据传感器检测到的信息进行智能巡航。

本项目所要完成的主要任务如下:

① 对单片机编程使机器人做一些基本巡航动作:向前、向后、左转、右转和原地旋转;

② 编写程序使机器人由突然启动或停止变为逐步加速或减速运动;

③ 写一些执行基本巡航动作的函数,每一个函数都能够被多次调用;

④ 将复杂巡航动作记录在数组中,编写程序执行这些巡航动作。

任务一　　基本巡航动作

图 3-1 定义了机器人的前、后、左、右 4 个方向:机器人向前走时,它将走向本页纸的右边;向后走时,会走向纸的左边;向左转会使其向纸的顶端移动;向右转它会朝着本页纸的底端移动。

1. 向前巡航

(1) 程序编写

通过项目二可以发现,如果按照图 3-1 定义前进方向,当机器人向前走时,从机器人的左边看,轮子是逆时针旋转的;而从右边看,另一个轮子则是顺时针旋转的。

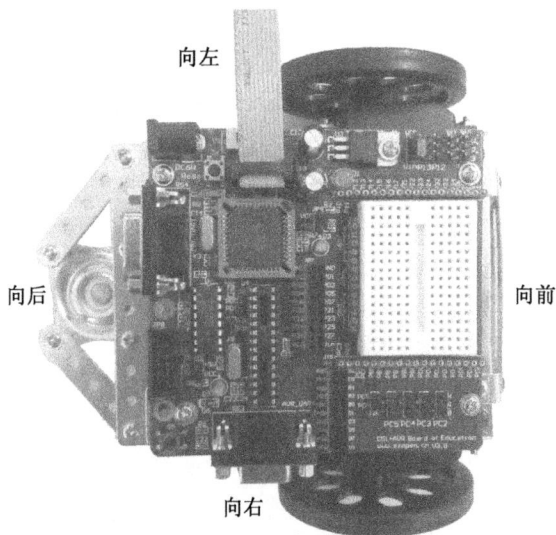

图 3-1　机器人及其前进方向的定义

通过项目二的内容可知,发送给单片机控制引脚的高电平的持续时间决定了伺服电机旋转的速度和方向,for 循环的参数控制了发送给电机的脉冲数量。由于每个脉冲的时间是相同的,因而 for 循环的参数也控制了伺服电机运行的时间。下面是使机器人向前走 3 s 的程序实例。

例程:RobotForwardThreeSeconds.c

● 确保控制器和伺服电机都已接通电源
● 输入、保存、编译、下载并运行程序 RobotForwardThreeSeconds.c

```c
#include < BoeBot.h >
#include < uart.h >
int main(void)
{
    int counter;
    uart_Init();
    printf("Program Running! \n");

    for(counter = 0;counter < 130;counter ++)//运行 3 s
    {
        P1_1 = 1;
        delay_nus(1700);
        P1_1 = 0;

        P1_0 = 1;
        delay_nus(1300);
        P1_0 = 0;
        delay_nms(20);
    }
    while(1);
}
```

在该例程中,for 循环体中前三行语句使左侧电机逆时针旋转,接着的三行语句使右侧电机顺时针旋转,由此两个轮子转向机器人的前端,使机器人向前运动。整个 for 循环执行 130 次大约需要 3 s,从而机器人也向前运动 3 s。

本例程中使用 printf 函数是为了起提示作用,若觉得串口线影响了机器人的运动,可以不用此函数。还有一个方法:让机器人的前端悬空,让伺服电机空转。后续例程也是同样道理。

(2) 调节距离和速度

① 将 for 循环体的循环次数调到 65 次,使机器人运行时间减少到刚才的一半,运行距离也是刚才的一半;

② 以新的文件名存储程序 RobotForwardThreeSeconds. c；

③ 运行程序，验证运行的时间和距离是否为刚才的一半；

④ 将 for 循环体的循环次数调到 260 次，重复以上步骤。

delay_nus 函数的参数 n 为 1 700 和 1 300，即都使电机接近它们的最大旋转速度。把每个 delay_nus 函数的参数 n 都设定为更接近让电机保持停止的值（1 500），可以使机器人减速。

更改程序中相应的代码片段如下：

```
P1_1 = 1;
delay_nus(1560);
P1_1 = 0;
P1_0 = 1;
delay_nus(1440);
P1_0 = 0;
delay_nms(20);
```

运行程序，验证机器人运行速度是否减慢。

2. 向后走、原地转弯和绕轴旋转

（1）程序编写

将 delay_nus 函数的参数 n 改为不同的值，就可以使机器人以其他的方式运行。例如，下面的程序片段可以使机器人向后走：

```
P1_1 = 1;
delay_nus(1300);
P1_1 = 0;
P1_0 = 1;
delay_nus(1700);
P1_0 = 0;
delay_nms(20);
```

下面的程序片段可以使机器人原地左转：

```
P1_1 = 1;
delay_nus(1300);
P1_1 = 0;
P1_0 = 1;
delay_nus(1300);
P1_0 = 0;
delay_nms(20);
```

下面的程序片段可以使机器人原地右转：

```
P1_1 = 1;
delay_nus(1700);
P1_1 = 0;
P1_0 = 1;
delay_nus(1700);
P1_0 = 0;
delay_nms(20);
```

把上述命令组合到一个程序中,使机器人可以向前走、向左转、向右转及向后走。

例程:ForwardLeftRightBackward.c

● 输入、保存并运行程序 ForwardLeftRightBackward.c

```
#include < BoeBot. h >
#include < uart. h >
int main(void)
{
    int counter;
    uart_Init();
    printf("Program Running! \n");

    for(counter = 1;counter < = 65;counter ++)//向前
    {
      P1_1 = 1;
      delay_nus(1700);
      P1_1 = 0;

      P1_0 = 1;
      delay_nus(1300);
      P1_0 = 0;

      delay_nms(20);
    }

    for(counter = 1;counter < = 26;counter ++)//向左转
    {
      P1_1 = 1;
      delay_nus(1300);
      P1_1 = 0;
```

```
    P1_0 = 1;
    delay_nus(1300);
    P1_0 = 0;

    delay_nms(20);
}

for(counter = 1;counter < = 26;counter + + )//向右转
{
    P1_1 = 1;
    delay_nus(1700);
    P1_1 = 0;

    P1_0 = 1;
    delay_nus(1700);
    P1_0 = 0;

    delay_nms(20);
}

for(counter = 1;counter < = 65;counter + + )//向后
{
    P1_1 = 1;
    delay_nus(1300);
    P1_1 = 0;

    P1_0 = 1;
    delay_nus(1700);
    P1_0 = 0;

    delay_nms(20);
}
    while(1);
}
```

（2）以一个轮子为支点旋转

可以使机器人绕一个轮子旋转,其方法是使一个轮子不动而另一个轮子旋转。例如,保持左轮不动而右轮作顺时针旋转,机器人将以左轮为轴旋转。程序代码如下:

```
P1_1 = 1;
delay_nus(1500);
P1_1 = 0;
P1_0 = 1;
delay_nus(1300);
P1_0 = 0;
delay_nms(20);
```

如果想使机器人从前面向右旋转,方法也很简单,停止右轮,左轮从前面逆时针旋转。程序代码如下:

```
P1_1 = 1;
delay_nus(1700);
P1_1 = 0;
P1_0 = 1;
delay_nus(1500);
P1_0 = 0;
delay_nms(20);
```

如果想使机器人从后面向右旋转,程序代码如下:

```
P1_1 = 1;
delay_nus(1300);
P1_1 = 0;
P1_0 = 1;
delay_nus(1500);
P1_0 = 0;
delay_nms(20);
```

如果想使机器人从后面向左旋转,程序代码如下:

```
P1_1 = 1;
delay_nus(1500);
P1_1 = 0;
P1_0 = 1;
delay_nus(1700);
P1_0 = 0;
delay_nms(20);
```

把 ForwardLeftRightBackward. c 另存为 PivotTests. c。

用刚讨论过的代码片段替代前进、左转、右转和后退相应的代码片段,通过更改每个

for 循环的循环次数来调整每个动作的运行时间,从而反映每个新的旋转动作。

运行更改后的程序,验证上述旋转运动是否正确。

匀加速/减速运动

在机器人运动的过程中会发现,机器人在每次启动和停止时速度都有些快,导致机器人几乎要倾倒。

回忆学过的物理知识可知,一个物体从零加速到最大运动速度,加速的时间越短,所需加速度就越大。而根据牛顿定律,加速度越大时,物体所受的惯性力也就越大。前面的程序总是直接就给机器人的伺服电机输出最大速度控制命令,因为没有给机器人足够的加速时间,所以其受到的惯性力就比较大,从而导致机器人在启动和停止时有一个较大的前倾力或者后坐力。要消除这种情况,就必须让机器人速度慢慢增加或慢慢减小。采用均匀加速/减速是一种比较好的速度控制策略,这样不仅可以让机器人运动得更加平稳,还可以增加机器人的电机使用寿命。

1. 程序编写

匀加速运动程序片段示例:

```
for( pulseCount = 10 ; pulseCount <= 200 ; pulseCount = pulseCount + 1 )
{
    P1_1 = 1;
    delay_nus( 1500 + pulseCount ) ;
    P1_1 = 0;

    P1_0 = 1;
    delay_nus( 1500 - pulseCount ) ;
    P1_0 = 0;
    delay_nms( 20 ) ;
}
```

上述 for 循环语句能使机器人的速度由停止渐变到全速。循环每重复执行一次,变量 pulseCount 就增加 1:第一次循环时,变量 pulseCount 的值是 10,此时发送给引脚 P1_1,P1_0 的脉冲宽度分别为 1.51 ms,1.49 ms;第二次循环时,变量 pulseCount 的值是 11,此时发送给引脚 P1_1,P1_0 的脉冲宽度分别为 1.511 ms,1.489 ms。随着变量 pulseCount 值的增加,电机的速度也在逐渐增加。当执行第 190 次循环时,变量 pulseCount 的值是

200,此时发送给引脚 P1_1,P1_0 的脉冲宽度分别为 1.7 ms,1.3 ms,电机全速运转。

回顾项目二中任务三,for 循环也可以由高向低计数。可以通过使用 for(pulseCount = 200;pulseCount >= 0;pulseCount = pulseCount − 1)来实现速度的逐渐减小。下面是一个使用 for 循环来实现电机速度先逐渐增加到全速,后逐步减小的例子。

例程:StartAndStopWithRamping. c

- 输入、保存并运行程序 StartAndStopWithRamping. c
- 验证机器人是否逐渐加速到全速,保持一段时间,然后逐渐减速到停止
- 如果觉得运行时间太长,可更改参数直到满意为止

```c
#include < BoeBot. h >
#include < uart. h >
int main( void)
{
    int pulseCount;
    uart_Init( );
    printf("Program Running! \n");

    for( pulseCount = 10;pulseCount <= 200;pulseCount = pulseCount + 1)
    {
      P1_1 = 1;
      delay_nus( 1500 + pulseCount);
      P1_1 = 0;

      P1_0 = 1;
      delay_nus( 1500 − pulseCount);
      P1_0 = 0;
      delay_nms( 20);
    }
    for( pulseCount = 1;pulseCount <= 75;pulseCount ++ )
    {
      P1_1 = 1;
      delay_nus( 1700);
      P1_1 = 0;

      P1_0 = 1;
      delay_nus( 1300);
      P1_0 = 0;
      delay_nms( 20);
```

```
        }

    for( pulseCount = 200 ; pulseCount >= 0 ; pulseCount = pulseCount − 1 )
    {
        P1_1 = 1 ;
        delay_nus( 1500 + pulseCount ) ;
        P1_1 = 0 ;

        P1_0 = 1 ;
        delay_nus( 1500 − pulseCount ) ;
        P1_0 = 0 ;
        delay_nms( 20 ) ;
    }
    while( 1 ) ;
}
```

2. 试一试

创建一个程序,将加速或减速与其他的运动结合起来。以下是一个逐渐增加速度向后走的例子。加速向后走与向前走的唯一不同在于发送给引脚 P1_1 的脉冲宽度由 1.5 ms 逐渐减小,而向前走是逐渐增加的,相应地,发送给引脚 P1_0 的脉冲宽度由1.5 ms 逐渐增加。

```
for( pulseCount = 10 ; pulseCount <= 200 ; pulseCount = pulseCount + 1 )
{
    P1_1 = 1 ;
    delay_nus( 1500 − pulseCount ) ;
    P1_1 = 0 ;
    P1_0 = 1 ;
    delay_nus( 1500 + pulseCount ) ;
    P1_0 = 0 ;
    delay_nms( 20 ) ;
}
```

也可以通过将程序中两个 pulseCount 的值增加到 1 500 来创建一个在旋转中匀变速的程序。通过逐渐减小程序中两个 pulseCount 的值,可以令机器人沿另一个方向匀变速旋转。下面是一个匀变速旋转四分之一周的例子。

```
for( pulseCount = 1 ; pulseCount <= 65 ; pulseCount ++ )//匀加速向右转
{
    P1_1 = 1 ;
```

```
        delay_nus(1500 + pulseCount);
        P1_1 = 0;
        P1_0 = 1;
        delay_nus(1500 + pulseCount);
        P1_0 = 0;
        delay_nms(20);
    }
    for(pulseCount = 65;pulseCount >= 0;pulseCount --)//匀减速向右转
    {
        P1_1 = 1;
        delay_nus(1500 + pulseCount);
        P1_1 = 0;
        P1_0 = 1;
        delay_nus(1500 + pulseCount);
        P1_0 = 0;
        delay_nms(20);
    }
```

从任务一中打开程序 ForwardLeftRightBackward.c,存为 ForwardLeftRightBackward - Ramping.c。

更改新的程序,使机器人的每一个动作能够匀加速和匀减速。

任务三 用函数调用简化运动程序

在下一项目中,机器人将需要执行各种运动来避开障碍物和完成其他动作,但无论机器人要执行何种动作,都离不开基本动作。为了令各种应用程序方便使用这些基本动作程序,可以将这些基本动作程序存放在函数中,供其他函数调用,以简化应用程序。

C 语言提供了强大的函数定义功能。在本书项目一中已经介绍过,一个 C 语言程序由一个主函数和若干个其他函数构成,主函数可以调用其他函数,而其他函数之间也可以相互调用。同一个函数可以被一个或多个函数调用任意多次。

实际上,为了实现复杂的程序设计,在所有的计算机高级语言中都有子程序或者子过程的概念。在 C 语言程序中,子程序的作用就是由函数来完成的。

1. 函数

（1）函数的类型

从函数定义的角度看，函数有以下两种：

① 标准函数，即库函数。它由开发系统提供，用户不必自己定义就可以直接使用，只需在程序前包含该函数原型的头文件，即可在程序中直接调用。例如已经用到的串口标准输入（printf）和输出（scanf）函数。应该说明，不同的语言编译系统提供的库函数的数量和功能会有一些不同，但许多基本函数是共同的。

② 用户定义函数。它不仅要在程序中定义函数本身，而且在主调函数模块中还必须对该被调函数进行类型说明，然后才能使用。

从有无返回值角度看，函数又分为以下两种：

① 有返回值函数：函数被调用执行完后将向调用者返回一个执行结果，称为函数返回值。由用户定义的返回函数值的函数，必须在函数定义中明确返回值的类型。

② 无返回值函数：此类函数用于完成某项特定的处理任务，执行完成后不向调用者返回函数值。用户在定义此类函数时可指定它的返回为空类型，即"void"。

从主调函数和被调函数之间数据传送的角度看，函数又可分为以下两种：

① 无参函数：函数定义、说明及调用中均不带参数。主调函数和被调函数之间不进行参数传送。此类函数通常用来完成一组指定的功能，可以返回或不返回函数值。

② 有参函数：在函数定义及说明时都有参数，称为形式参数（简称为形参）。在函数调用时也必须给出参数，称为实际参数（简称为实参）。进行函数调用时，主调函数将把实参的值传送给形参，供被调函数使用。

（2）函数的定义

在项目一，教材就已经给出了函数定义的一般形式：

$$类型标识符\quad 函数名（形式参数列表）$$
$$\{$$
$$声明部分$$
$$语句$$
$$\}$$

其中，"类型标识符"和"函数名"为函数头。"类型标识符"指明了本函数的类型，函数的类型实际上是函数返回值的类型。"函数名"是由用户定义的标识符，函数名后有一个括号（不可少写），若函数无参数，则括号内可不写内容或写"void"；若有参数，则形式参数列表给出各种类型的变量，各参数之间用逗号间隔。

"{}"中的内容称为函数体。函数体中的声明部分，是对函数体内部用到的变量的类型说明。

在很多情况下都不要求函数有返回值，此时函数类型符可以写为"void"。

前面说过，main函数是不能被其他函数调用的，那它的返回值类型 int 是怎么回事呢？其实不难理解，main函数执行完之后，它的返回值是给操作系统的。虽然在 main 函数体内并没有语句来指出返回值的大小，但系统默认的处理方式是：当 main 函数成功执行时,它的返回值为 1,否则为 0。

请看以下的函数定义:

```
void Forward(void)
{
    int i;
    for(i = 1;i < = 65;i ++ )
    {
        P1_1 = 1;
        delay_nus(1700);
        P1_1 = 0;
        P1_0 = 1;
        delay_nus(1300);
        P1_0 = 0;
        delay_nms(20);
    }
}
```

Forward 函数可以使机器人向前运动约 1.5 s,该函数没有形参,也没有返回值。在主程序中,可以调用它让机器人向前运动约 1.5 s。如果想让机器人向前运动 2 s,不需要重新写一个函数来实现这个运动,而可以通过修改上面的函数,给它增加两个形式参数,一个是脉冲数量,另一个是速度参数,这样主程序调用时就可以按照要求灵活设置这些参数,从而使函数真正成为一个有用的模块。重新定义向前运动函数如下:

```
void Forward(int PulseCount,int Velocity)
/ * Velocity should be between 0 and 200    * /
{
    int i;
    for(i = 1;i < = PulseCount;i ++ )
    {
        P1_1 = 1;
        delay_nus(1500 + Velocity);
        P1_1 = 0;
        P1_0 = 1;
        delay_nus(1500 - Velocity);
        P1_0 = 0;
        delay_nms(20);
    }
}
```

函数定义下方增加了一行注释,是为了提醒用户调用该函数时,速度参量的值必须在 0 到 200 之间。

C 语言注释符"//",除"//"外还有"/ * "和" */"。"/ * "和" */"必须成对使用,在它们之间的内容将被注释。它的作用范围比"//"大,"//"仅对它所在的一行起注释作用,但"/ * … */"可以对多行注释。

注释是在学习程序设计时要养成的良好习惯。

2. 程序编写

以下是一个完整的使用向前、左转、右转和向后 4 个函数的例程。

例程:MovementsWithFunctions. c

● 输入、保存、编译、下载并运行程序 MovementsWithFunctions. c

```
#include < BoeBot. h >
#include < uart. h >
void Forward( int PulseCount, int Velocity)
/ * Velocity should be between 0 and 200    */
{
    int i;
    for( i = 1; i <=  PulseCount; i ++ )
    {
      P1_1 = 1;
      delay_nus( 1500 + Velocity) ;
      P1_1 = 0;
      P1_0 = 1
      delay_nus( 1500 – Velocity) ;
      P1_0 = 0;
      delay_nms( 20) ;
    }
}
void Left( int PulseCount, int Velocity)
/ * Velocity should be between 0 and 200    */
{
    int i;
    for( i = 1; i <=  PulseCount; i ++ )
    {
      P1_1 = 1;
      delay_nus( 1500 – Velocity) ;
      P1_1 = 0;
      P1_0 = 1;
      delay_nus( 1500 – Velocity) ;
```

```
            P1_0 = 0;
            delay_nms(20);
        }
    }
void Right(int PulseCount,int Velocity)
/* Velocity should be between 0 and 200   */
    {
        int i;
        for(i = 1;i <= PulseCount;i ++)
        {
            P1_1 = 1;
            delay_nus(1500 + Velocity);
            P1_1 = 0;
            P1_0 = 1;
            delay_nus(1500 + Velocity);
            P1_0 = 0;
            delay_nms(20);
        }
    }
void Backward(int PulseCount,int Velocity)
/* Velocity should be between 0 and 200   */
    {
        int i;
        for(i = 1;i <= PulseCount;i ++)
        {
            P1_1 = 1;
            delay_nus(1500 - Velocity);
            P1_1 = 0;
            P1_0 = 1;
            delay_nus(1500 + Velocity);
            P1_0 = 0;
            delay_nms(20);
        }
    }
int main(void)
    {
        uart_Init();
```

```
        printf("Program Running! \n");

        Forward(65,200);
        Left(26,200);
        Right(26,200);
        Backward(65,200);
        while(1);
    }
```

这个程序与程序 ForwardLeftRightBackward. c 产生的效果是相同的。很明显,还有许多方法可以构造一个程序得到同样的结果。实际上,通过观察发现,4 个函数的具体实现部分几乎完全一样,有没有可能将这些函数进行归纳,用一个函数来实现所有这些功能呢? 前面的 4 个函数都用了两个形式参数,一个是控制时间的脉冲个数,另一个是控制运动速度的参数,而 4 个函数实际上代表了 4 个不同的运动方向。如果能够通过参数控制运动方向,显然这 4 个函数完全可以简化成为一个更为通用的函数,不仅可以涵盖以上 4 个基本运动,还可以使机器人朝着希望的方向运动。

机器人是由两个轮子驱动的,实际上两个轮子的不同速度组合控制着机器人的运动速度和方向,因此直接用两个车轮的速度作为形式参数,就可以将机器人的所有运动用一个函数来实现。

例程:MovementsWithOneFunction. c

这个例子使机器人做同样动作,但是却只用了一个子函数来实现。

- 输入、保存并运行程序 MovementsWithOneFunction. c
- 验证机器人是否执行了所熟悉的前、左、右、后运动

```
    #include <BoeBot. h>
    #include <uart. h>
    void Move(int counter,int PC1_pulseWide,int PC0_pulseWide)
    {
        int i;
        for(i = 1;i <= counter;i ++)
        {
            P1_1 = 1;
            delay_nus(PC1_pulseWide);
            P1_1 = 0;
            P1_0 = 1;
            delay_nus(PC0_pulseWide);
            P1_0 = 0;
            delay_nms(20);
        }
```

```
        }
    int main( void)
    {
        uart_Init( );
        printf("Program Running! \n");

        Move(65,1700,1300); //前进
        Move(26,1300,1300); //左转
        Move(26,1700,1700); //右转
        Move(65,1300,1700); //后退
        while(1);
    }
```

3. 试一试

修改 MovementsWithOneFunction. c,使机器人走一个正方形,即第一边和第二边向前走,另外两个边向后走。

任务四 用数组建立复杂运动

到目前为止已经试过 3 种不同的编程方法来使机器人向前走、左转、右转和向后走。每种方法都有其优点,但是如果要让机器人执行一个更长、更复杂的动作,用这些方法都很麻烦。下面要介绍的两个例子将用子函数来实现每个简单的动作,将复杂的运动存储在数组中,然后在程序执行过程中读出并解码,避免重复调用一长串子函数。这里要用到 C 语言的一种新的数据类型——数组。

前面只用到了 C 语言基本数据类型中的整型数据,以 int 作为类型说明符。另外一种基本数据类型是字符型,以 char 作为类型说明符。

1. 字符型数据

（1）字符常量

字符常量是指用一对单引号括起来的一个字符。如'a' '9' '!'。字符常量中的单引号只起到定界作用,并不表示字符本身。单引号中的字符不能是单引号(')和反斜杠(\),它们特有的表示法在转义字符中介绍。

在 C 语言中,字符是按其所对应的 ASCII 码值来存储的,一个字符代表一个 ASCII 码值,如表 3-1 所示。

表 3-1　字符与其所对应的 ASCII 码值

字符	ASCII 码值（十进制）
!	33
0	48
1	49
9	57
A	65
B	66
a	97
b	98

小知识

ASCII 码

　　ASCII 是美国标准信息交换码（American Standard Code for Information Interchange）的缩写，用来制订计算机中每个符号对应的代码，这也称为计算机的内码（code）。

　　每个 ASCII 码以 1 个字节（Byte）储存，从 0 到数字 127 代表不同的常用符号，例如大写 A 的 ASCII 码是 65，小写 a 的则是 97。这套内码加上了许多外文和表格等特殊符号，成为目前常用的内码。

　　注意字符′9′和数字 9 的区别，前者是字符常量，后者是整型常量，它们的含义和在计算机中的存储方式都是截然不同的。

　　由于 C 语言中字符常量是按整数存储的，所以字符常量可以像整数一样在程序中参与相关的运算，如：

```
'a' – 32;//执行结果 97 – 32 = 65
'A' + 32;//执行结果 65 + 32 = 97
'9' – 9;//执行结果 57 – 9 = 48
```

（2）转义字符

转义字符是一种特殊的字符常量，以反斜杠"\"开头，后跟一个或几个字符。转义字符具有特定的含义，不同于字符原有的意义，故称"转义"字符。例如，前面各例题的 printf 函数中用到的"\n"就是一个转义字符，其意义是"换行"。

通常使用转义字符表示用一般字符不便于表示的控制代码，如字符常量的单引号（′）、字符串常量的双引号（″）和反斜杠（\）等。

表 3-2 给出了 C 语言中常用的转义字符。

表 3-2　C 语言中常用的转义字符

转义字符	含义	ASCII 码值(十进制)
\b	退格(BS)	008
\n	换行(LF)	010
\t	水平制表(HF)	
\	反斜杠	092
\'	单引号字符	039
\"	双引号字符	034
\0	空字符(NULL)	
\ddd	任意字符三位八进制	
\xhh	任意字符二位十六进制	

广义地讲,C 语言字符集中的任何一个字符均可用转义字符来表示。表中的"\ddd"和"\xhh"正是为此而提出的。ddd 和 xhh 分别为八进制和十六进制的 ASCII 代码。如"\101"表示字母"A","\102"表示字母"B","\134"表示反斜线,"\x0A"表示换行等。

（3）字符变量

字符变量用来存放字符常量,注意,只能存放一个字符。

字符变量的定义形式如下:

$$char\ c1,c2;$$

c1 和 c2 为字符变量,各放入一个字符。因此可以用下面语句对 c1,c2 赋值:

$$c1 = 'a';c2 = 'A';$$

2. 数组

（1）数组的定义

在程序设计中,为了处理方便,可以把具有相同类型的若干变量按有序的形式组织起来,这些按序排列的同类数据元素的集合称为数组。一个数组可以分解为多个数组元素,根据数组元素数据类型的不同,数组可以分为多种不同类型,包括一维数组、二维数组甚至三维数组。本节只会用到一维数组。一维数组的定义方式为:

$$类型说明符　数组名[常量表达式];$$

"类型说明符"可以是任一种基本数据类型;"数组名"是用户定义的数组标识符;方括号中的"常量表达式"表示数据元素的个数,也称为数组的长度。

（2）数组的初始化

数组定义之后,还应该给数组的各个元素赋值。给数组中各个元素赋值的方法除了用赋值语句逐个赋值外,还可以采用初始化赋值。初始化赋值的一般形式为:

$$类型说明符　数组名[常量表达式] = \{值,值,\cdots,值\};$$

其中在{}中的各数据值即为各元素的初值,各值之间用逗号间隔。

例如:下面的语句定义了一个字符型数组,该数组有 10 个元素,并对这 10 个元素进行了初始化。

> char Navigation[10] = {'F','L','F','F','R','B','L','B','B','Q'};

（3）数组的引用

数组元素是组成数组的基本单元。数组元素也是一种变量,其标识方法为数组名后跟一个下标,下标表示元素在数组中的顺序号(从 0 开始计数)。数组元素的一般形式为:

> 数组名[下标]

其中下标只能为整型常量或整型表达式。若为小数,系统将自动取整。有了下标,就可以引用一维数组中的任一元素。

例如:

> Navigation[0]　（第一个字符:'F'）
>
> Navigation[5]　（第六个字符:'B'）

（4）字符串和字符串结束标志

字符串常量是指用一对双引号括起来的一串字符, 如"China" "DEPUSH" "A" "333212 - 6589"等。双引号只起定界作用,双引号括起的字符串不能是双引号(" ")和反斜杠(\),它们特有的表示法在转义字符中已经介绍。

在 C 语言中没有专门的字符串变量,通常用一个字符数组来存放一个字符串。字符串常量在存储时,系统自动在字符串的末尾加一个"串结束标志",即 ASCII 码值为 0 的字符"NULL",常用"\0"表示。因此在程序中,长度为 n 字符的字符串常量在内存中占有 n + 1 个字节的存储空间。

C 语言允许用字符串的方式对数组作初始化赋值,如 Navigation[10]的初始化赋值可写为:

> char Navigation[10] = {"FLFFRBLBBQ"};

或者去掉"{}",写为:

> char Navigation[10] ="FLFFRBLBBQ";

需要注意的是,字符与字符串除了表示形式不同外,其存储性质也不相同,字符'A'只占 1 个字节,而字符串"A"占 2 个字节。

3. 程序编写

下面的例程采用字符数组定义一系列复杂的运动。

例程:NavigationWithSwitch. c

● 输入、保存、编译、下载并运行程序 NavigationWithSwitch. c

● 验证机器人是否走了一个矩形。如果所走路线更像梯形,需要调节转动程序中 for 循环的次数,使其旋转精度为 90°

```
#include < BoeBot. h >
#include < uart. h >
void Forward( void)
```

```
{
    int i;
    for(i = 1;i < = 65;i + +)
    {
        P1_1 = 1;
        delay_nus(1700);
        P1_1 = 0;
        P1_0 = 1;
        delay_nus(1300);
        P1_0 = 0;
        delay_nms(20);
    }
}
void Left_Turn(void)
{
    int i;
    for(i = 1;i < = 26;i + +)
    {
        P1_1 = 1;
        delay_nus(1300);
        P1_1 = 0;
        P1_0 = 1;
        delay_nus(1300);
        P1_0 = 0;
        delay_nms(20);
    }
}
void Right_Turn(void)
{
    int i;
    for(i = 1;i < = 26;i + +)
    {
        P1_1 = 1;
        delay_nus(1700);
        P1_1 = 0;
        P1_0 = 1;
        delay_nus(1700);
```

```
        P1_0 = 0;
        delay_nms(20);
    }
}
void Backward(void)
{
    int i;
    for(i = 1;i <= 65;i ++)
    {
        P1_1 = 1;
        delay_nus(1300);
        P1_1 = 0;
        P1_0 = 1;
        delay_nus(1700);
        P1_0 = 0;
        delay_nms(20);
    }
}
int main(void)
{
    char Navigation[10] = {'F','L','F','F','R','B','L','B','B','Q'};
    int address = 0;

    uart_Init();
    printf("Program Running! \n");

    while(Navigation[address] != 'Q')
    {
        switch(Navigation[address])
        {
            case 'F':Forward();break;
            case 'L':Left_Turn();break;
            case 'R':Right_Turn();break;
            case 'B':Backward();break;
        }
        address ++ ;
```

```
        }
    while(1);
}
```

在程序主函数中定义了一个字符数组如下所示：

char Navigation[10] = {'F','L','F','F','R','B','L','B','B','Q'};

这个数组中存储的是一些命令：'F'表示向前运动，'L'表示向左转，'R'表示向右转，'B'表示向后退，'Q'表示程序结束。之后，定义了一个 int 型变量 address，用来作为访问数组的索引。

接着是一个 while 循环，注意这个循环的条件表达式与前面的不同：只有当前访问的数组值不为'Q'时，才执行循环体内的语句。在循环体内，每次执行 switch 语句后，都要更新 address，以使下次循环时执行新的运动。

switch 语句是一种多分支选择语句，其一般形式如下：

```
switch(表达式){
        case 常量表达式1:    语句1;break;
        case 常量表达式2:    语句2;break;
          ⋮
        case 常量表达式n:    语句n;break;
        default:             语句n+1;break;
        }
```

其语义是：计算表达式的值，逐个与其后常量表达式的值相比较，当表达式的值与某个常量表达式的值相等时，即执行其后的语句；如表达式的值与所有 case 后的常量表达式均不相同，则执行 default 后的语句。

在本例程中，当 Navigation[address]为'F'时，执行向前运动的函数 Forward()；当 Navigation[address]为'L'时，执行向左转的函数 Left_Turn()；当 Navigation[address]为'R'时，执行向右转的函数 Right_Turn()；当 Navigation[address]为'B'时，执行向后运动的函数 Backward()。在本例程基础上，还可以更改现有的数组和增加数组的长度来获取新的运动路线。但需注意，数组中的最后字符应该是'Q'。

例程：NavigationWithValues.c

本例程中将不使用子函数，而是使用 3 个整型数组来存储控制机器人运动的 3 个变量，即循环的次数和控制左、右电机运动的两个参数。具体定义如下：

int Pulses_Count[5] = {65,26,26,65,0};
int Pulses_Left[4] = {1700,1300,1700,1300};
int Pulses_Right[4] = {1300,1300,1700,1700};

int 型变量 address 作为访问数组的索引值，每次用 address 提取一组数据：Pulses_Count[address]，Pulses_Left[address]，Pulses_Right[address]，这些变量值被放在下面的

代码块中,作为机器人一次运动的参数。

```
for( int counter = 1 ; counter < = Pulses_Count[ address ] ; counter + + )
{
    P1_1 = 1;
    delay_nus( Pulses_Left[ address ] );
    P1_1 = 0;
    P1_0 = 1;
    delay_nus( Pulses_Right[ address ] );
    P1_0 = 0;
    delay_nms( 20 );
}
```

address 加 1,再提取一组数据,作为机器人下次运动的参数;直至 Pulses_Count[address] = 0 时,机器人停止运动。具体程序如下:

● 输入、保存并运行程序 NavigationWithValues. c
● 验证机器人是否做出向前、向左、向右、向后的运动

```
#include < BoeBot. h >
#include < uart. h >
int main( void )
{
    int Pulses_Count[5] = {65,26,26,65,0};
    int Pulses_Left[4] = {1700,1300,1700,1300};
    int Pulses_Right[4] = {1300,1300,1700,1700};
    int address = 0;
    int counter;
    uart_Init( );
    printf( "Program Running! \n" );
    while( Pulses_Count[ address ] ! = 0 )
    {
        for( counter = 1 ; counter < = Pulses_Count[ address ] ; counter + + )
        {
            P1_1 = 1;
            delay_nus( Pulses_Left[ address ] );
            P1_1 = 0;
            P1_0 = 1;
            delay_nus( Pulses_Right[ address ] );
            P1_0 = 0;
```

```
            delay_nms(20);
        }
        address ++;
    }
    while(1);
}
```

4. 试一试——设计自己的程序

接下来,如果想让机器人做其他动作,可以试着按以下步骤创建程序:

① 以一个新的文件名保存程序 NavigationWithValues. c。

② 用下面的代码代替 3 个数组:

```
int Pulses_Count[10] = {60,80,100,110,110,110,100,80,60,0};
int Pulses_Left[10] = {1700,1600,1570,1520,1500,1480,1430,1400,1300,1500};
int Pulses_Right[10] = {1300,1400,1430,1480,1500,1520,1570,1600,1700,1500};
```

③ 输入、保存并运行更改后的程序,观察机器人所做出的动作。

思 考 题

1. 比较各种实现机器人基本动作程序的优、缺点,分析后续程序的可扩展性。

2. 比较 C 语言数组与 BASIC 程序 DATA 语句,分析它们的共同点及各自的优、缺点。

3. 比较 C 语言的 switch 语句和 BASIC 的 SELECT 语句。

项目四

4

机器人触觉导航控制

技能要求

1. 了解接触型传感器作为输入反馈时与 C51 单片机的编程实现。

2. 掌握 C51 单片机并行 I/O 口的特殊功能寄存器的概念和使用。

3. 掌握 C 语言条件判断语句的使用。

4. 掌握 C 语言各种运算符的使用,包括位运算符、关系运算符、逻辑运算符及"?"操作符等。

5. 掌握机器人的触觉导航策略的实现。

6. 掌握条件判断语句的嵌套与机器人的人工智能决策等。

前面的项目是将单片机的输入/输出接口作为输出接口与机器人伺服电机连接,从而控制机器人的各种运动。

本项目通过给机器人增加触觉传感器学习如何使用这些端口来获取外界信息。实际上,任何一个自动化系统(不仅仅是机器人)都是通过输入接口将从传感器获取的外界信息输入计算机(或者单片机),由计算机或单片机根据反馈信息进行计算和决策,生成控制命令,然后通过输出接口去控制系统相应的执行机构,完成系统所要完成的任务。因此,学习如何使用单片机的输入接口与输出接口同等重要。

许多自动化机械都依赖于各种触觉型开关,例如当机器人碰到障碍物时,接触开关就会察觉,通过编程让机器人躲开障碍物;旅客登机桥接口安装有触须,为了保护昂贵的飞机,当登机桥离飞机很近时触须就会碰到飞机,立即通知控制器离飞机已经很近了,需要降低靠近速度;工厂利用触觉开关来计量生产线上的工件数量;在工业加工过程中,触觉开关也被用来排列物体。在所有这些实例中,触觉开关提供的输入,通过计算机或者单片机处理后生成其他形式的程序化的输出。

本项目将在机器人前端安装一个称为胡须的触觉开关,通过对机器人大脑编程来监视触觉开关的状态,同时决定遇到障碍物时机器人的动作,最终的目的就是通过触觉开关给机器人自动导航。如果已经学习过《基础机器人制作与编程》,对本项目的内容就不会太陌生。

在项目二中,已经知道 51 系列单片机有 4 个 8 位的并行 I/O 口:P0,P1,P2 和 P3。这 4 个接口既可以作为输入,也可以作为输出,既可按 8 位处理,也可按位方式使用。

实际上,当单片机启动或复位时,所有的 I/O 插脚均缺省为输入。也就是说,如果将胡须连接到单片机某个 I/O 管脚,该管脚会自动作为输入。作为输入时,如果 I/O 脚上的电压为 5 V,则对应的 I/O 口寄存器中的相应位存储"1";如果电压为 0 V,则存储"0"。

布置恰当的电路,可以让胡须达到下述效果:当胡须没有被碰到时,I/O 脚上的电压为 5 V;当胡须被碰到时,则使 I/O 脚上电压为 0 V。然后,单片机就可以读入相应数据进行分析、处理,从而控制机器人的运动。

任务一　安装并测试机器人胡须

1. 安装胡须

编程使机器人通过触觉胡须实现导航之前,必须安装并测试胡须。

(1) 元件清单

① 金属丝 2 根;

② 平头 M3×22 盘头螺钉 2 个;

③ 13 mm 圆形立柱 2 个;

④ M3 尼龙垫圈 2 个;

⑤ 3-pin 接头 2 个;

⑥ 220 Ω 电阻 2 个;

⑦ 10 kΩ 电阻 2 个。

（2）安装胡须（如果已经学习过《基础机器人制作与编程》，可以跳过此步骤）

首先拆掉连接主板到前支架的两颗螺钉，然后参考图 4-1 进行下面的操作:

① 螺钉依次穿过 M3 尼龙垫圈、13 mm 圆形立柱;

② 螺钉穿过主板上的圆孔之后，拧进主板下面的支架中，但不要拧紧;

③ 把须状金属丝的其中一个钩在尼龙垫圈之上，另一个钩在尼龙垫圈之下，调整它们的位置，使它们横向交叉但又不接触;

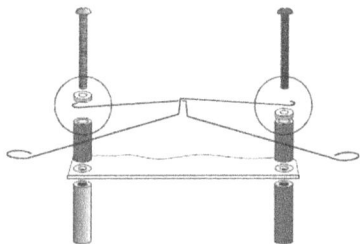

图 4-1　安装机器人胡须

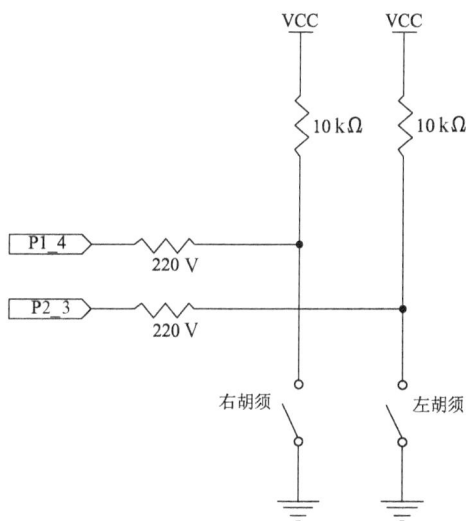

图 4-2　胡须电路示意图

④ 拧紧螺钉到支架上;

⑤ 参考接线图 4-2，搭建胡须电路，右边胡须状态信息输入是通过 P1 口的第 4 脚（P1_4）完成的，而左边胡须状态信息输入是通过 P2 口的第 3 脚（P2_3）完成的;

⑥ 确定两条胡须比较靠近，但又不接触面包板上的 3-pin 头，推荐保持 3 mm 的距离。

图 4-3 所示是实际的参考接线图。

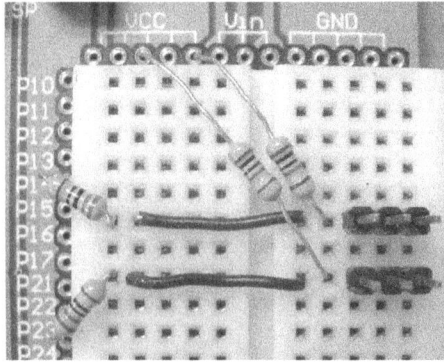

图 4-3　教学底板上胡须接线图

2. 测试胡须

观察如图 4-2 所示的胡须电路，显然每条胡须都是一个机械式、接地常开的开关。胡须接地（GND）是因为教学板外围的镀金孔都接地。金属支架和螺丝钉提供电气连接给胡须。

通过编程，单片机可以探测到胡须是否被触动。由图 4-2 可知，连接到每个胡须电路的 I/O 引脚监视着 10 kΩ 上拉电阻的电压变化。当胡须没有被触动时，连接胡须的 I/O 管脚的电压是 5 V；当胡须被触动时，I/O 对地短接，则 I/O 管脚的电压是 0 V。

小知识

上拉电阻

上拉电阻就是与电源相连，并起到拉高电平作用的电阻。此电阻还起到限流的作用，如图 4-3 中的 10 kΩ 电阻即为上拉电阻。

在项目二的单灯闪烁控制任务中就用到了上拉电阻。之所以要用上拉电阻是因为 AT89S52 的 I/O 口驱动能力不够强，不能使 LED 点亮。

与之对应的还有"下拉电阻"，它与"地（GND）"相连，可把电平拉至低位。

以下例程用来测试胡须的功能是否正常。

例程：TestWhiskers. c

```c
#include < BoeBot. h >
#include < uart. h >
int P1_4state( void) // 获取 P1_4 的状态
{
    return ( P1&0x10)? 1 :0;
}
int P2_3state( void) // 获取 P2_3 的状态
{
    return ( P2&0x08)? 1 :0;
}
```

```
int main(void)
{
    uart_Init();
    printf("WHISKER STARTES\n");
    while(1)
    {
        printf("右边胡须的状态:%d ",P1_4state());
        printf("左边胡须的状态:%d\n",P2_3state());
        delay_nms(150);
    }
}
```

该例程定义了两个无参数、有返回值的子函数 int P1_4state(void)和 int P2_3state(void)来获取左、右两个胡须的状态。要理解这两个函数,就需要学习新的 C 语言知识。

在前几个项目的学习中,已经知道 C 语言有三大运算符:算术、关系与逻辑、位操作,并且学习了算术运算符中的加、减、乘、除及自增自减等。接下来,将学习运算符中的位操作符。

(1) 位操作符

位操作符是对字节或字中的位(bit)进行测试、置位或移位处理,这里的字节或字是针对 C 语言的 char 和 int 数据类型而言的。位操作符不能用于实型、空类型或其他复杂类型。表4-1 给出了位操作的操作符。

表4-1　位操作的操作符

位操作符	含义
&	与
|	或
^	异或
~	补
>>	右移
<<	左移

这里主要介绍"与"运算符"&"。

"与"运算符"&"的功能是参与运算的两数对应的二进位相与。只有对应的两个二进位均为 1 时,结果位才为 1,否则为 0。如 9 和 5 的与运算:

```
  0000 1001   (9 的二进制)
& 0000 0101   (5 的二进制)
= 0000 0001   (结果为1)
```

单片机 AT89S52 的 4 个端口 P0,P1,P2 和 P3 是可以按位来操作的,每个端口从低到高依次为第 0 口、第 1 口……第 7 口,分别写为 PX.0,PX.1,……,PX.7(X 取 0 到 3)。

以上例程中 P1&0x10 与 P2&0x08 各自的含义见表 4-2、表 4-3。

表 4-2　P1&0x10 含义说明

P1	P1.7	P1.6	P1.5	P1.4	P1.3	P1.2	P1.1	P1.0
0x10	0	0	0	1	0	0	0	0

表 4-3　P2&0x08 含义说明

P2	P2.7	P2.6	P2.5	P2.4	P2.3	P2.2	P2.1	P2.0
0x08	0	0	0	0	1	0	0	0

这样一来,P1&0x10 和 P2&0x08 分别提取了 P1.4 和 P2.3 的值,屏蔽掉了其他位。

需要注意的是,上面提到的 P0,P1,P2 和 P3 端口,指的并不是物理上的接口,而是这 4 个端口对应的特殊功能寄存器 P0,P1,P2 和 P3,在应用时直接使用这些符号就代表着这些特殊功能寄存器。所谓特殊功能寄存器(SFR)也称专用寄存器,专门用来控制和管理单片机内的算术逻辑部件、并行 I/O 接口等片内资源。在使用时可以给其设定值,如利用 P1 口控制伺服电机,也可以直接利用这些寄存器进行运算。

取某一位的值,上面应用的是“与”运算,“或”运算也可以达到同样的效果。查找相关资料,思考其他几种运算符的用法。

(2) if 语句

项目三中学习的 switch 语句是选择控制语句中的一种,还有一种选择控制语句是 if 语句,它是根据给定的条件进行判断,以决定是否执行某个分支程序段。if 语句常见的形式为:

```
if(表达式)
    语句 1;
else
    语句 2;
```

其语义是:如果表达式的值为真,则执行语句 1,否则执行语句 2。

(3) “?”操作符

C 语言提供了一个可以代替某些“if-else”语句的简便易用的操作符“?”,该操作符是三元的,其一般形式为:

表达式 1? 表达式 2:表达式 3

它的执行过程如下:先求解表达式 1,如果为真(非 0),则求解表达式 2,并把表达式 2 的结果作为整个条件表达式的值;如果表达式 1 的值为假(0),则求解表达式 3,并把表达式 3 的值作为整个条件表达式的值。

例程中(P1&0x10)? 1:0 的意思就是先将 P1 寄存器的内容同 0x10 按位进行“与”运算,如果结果非 0,则整个表达式的取值就为 1;如果结果为 0,则整个表达式的值为 0。实

际上,整个语句

$$return \quad (P1\&0x10)? \; 1;0;$$

就相当于如下条件判断语句:

```
if (P1&0x10)
    return 1;
else
    return 0;
```

（4）测试过程

在弄清楚整个程序的执行原理后,按照下面的步骤实际执行程序,对触觉胡须进行测试。

① 接通教学板和伺服电机的电源;

② 输入、保存并运行程序 TestWhiskers.c;

③ 这个例程要用到调试终端,所以在程序运行时要确保串口电缆已连接好;

④ 检查图 4-2,弄清楚哪条胡须是左胡须,哪条是右胡须;

⑤ 注意调试终端的显示值,图 4-4 此时显示为:"右边胡须的状态:1　左边胡须的状态:1";

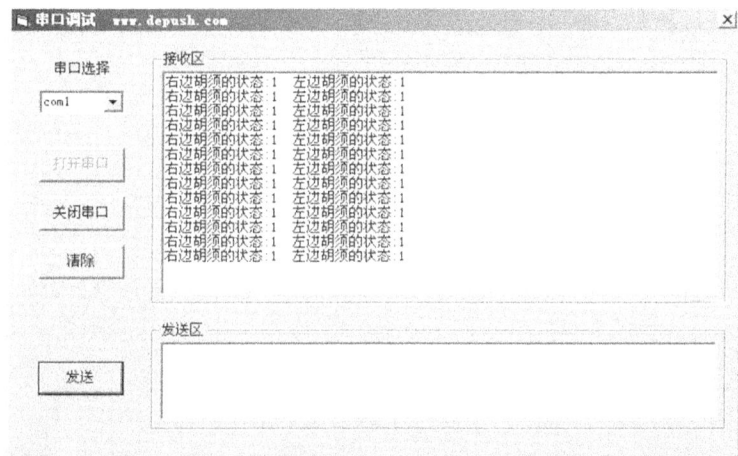

图 4-4　左右胡须均未碰到

⑥ 把右胡须安装到3-pin 转接头上,显示为:"右边胡须的状态:0　左边胡须的状态:1",如图 4-5 所示;

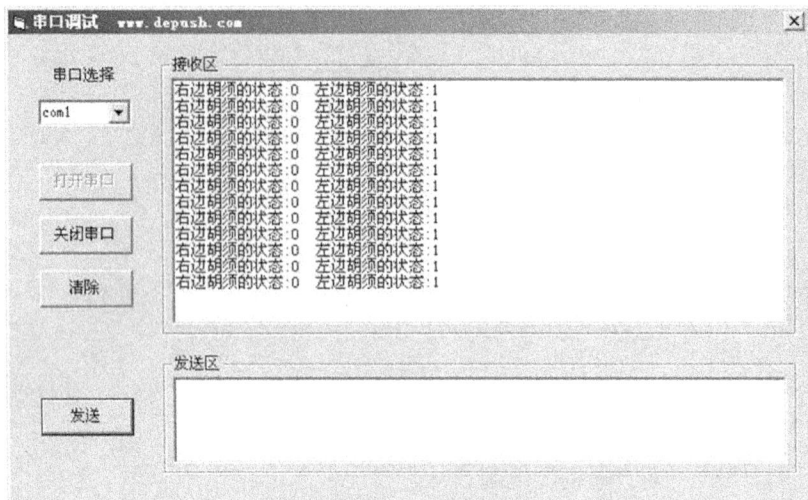

图 4-5　右胡须碰到

⑦ 把左胡须安装到 3-pin 转接头上,显示为:"右边胡须的状态:1　左边胡须的状态:0",如图 4-6 所示;

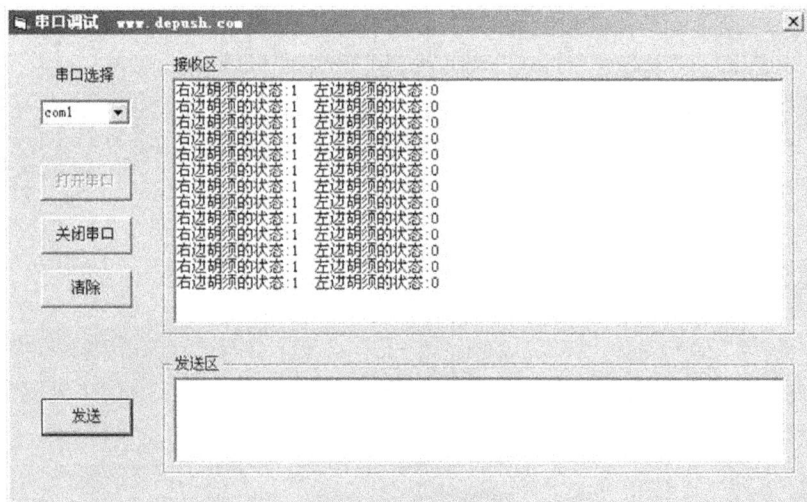

图 4-6　左胡须碰到

⑧ 同时把两个胡须安装到各自的 3-pin 转接头上,显示为:"右边胡须的状态:0　左边胡须的状态:0",如图 4-7 所示;

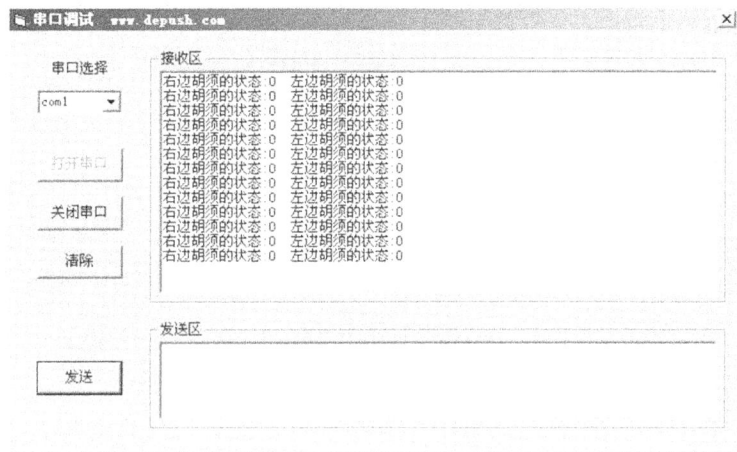

图 4-7 左右胡须均碰到

⑨ 如果两个胡须都通过测试,则可以继续下面的内容,否则检查程序或电路中存在的错误,直到通过测试。

任务二 基于胡须的触觉导航

任务一通过编程检测胡须是否被触动,在本任务中将利用这些信息对机器人进行运动导航。

在机器人行走的过程中,如果有胡须被触动,意味着碰到了障碍物。导航程序需要接收这些输入信息,判断它们的意义,然后调用一系列使机器人倒退、旋转朝不同方向行走的动作子函数以避开障碍物。

1. 程序编写

以下程序让机器人向前走直到碰到障碍物,一旦胡须探测到障碍物,可以调用项目三中的导航程序和子程序使机器人倒退或者旋转,然后再重新向前行走,直到遇到另一个障碍物。

为了实现这些功能,需要编程机器人做出选择,此时要用到 if 语句的另一种形式,即 if-else-if 形式,它可以进行多分支选择,一般形式为:

$$if(表达式1)$$
$$语句1;$$
$$else\ if(表达式2)$$

$$语句 2；$$
$$else\ if(表达式 3)$$
$$语句 3；$$
$$…$$
$$else\ if(表达式\ n-1)$$
$$语句\ n-1；$$
$$else$$
$$语句\ n；$$

其语义为：依次判断表达式的值，当某个值为真时，则执行其对应的语句，然后跳到整个 if 语句之外继续执行程序；如果所有的表达式均为假，则执行语句 n，然后继续执行后续程序。

下面的代码段基于胡须的输入做出选择，然后调用相关子函数使机器人采取行动，子函数与在项目三里用到的基本相同。

```
if((P1_4state( )==0)&&(P2_3state( )==0))
/*两个胡须同时检测到障碍物时,后退,再向左转180°*/
{
    Back_Up( );
    Left_Turn( );
    Left_Turn( );
}
else if(P1_4state( )==0)  //右边胡须检测到障碍物时,后退,再向左转90°
{
    Back_Up( );
    Left_Turn( );
}
else if(P2_3state( )==0)  //左边胡须检测到障碍物时,后退,再向右转90°
{
    Back_Up( );
    Right_Turn  ( );
}
else    //没有胡须检测到障碍物时,向前走
    Forward( );
```

在上述程序中，用到了关系与逻辑运算符。"关系"二字指的是一个值与另一个值之间的关系；"逻辑"二字指的是连接关系的方式。因为关系和逻辑运算符常在一起使用，所以将它们放在一起讨论。

关系与逻辑运算符概念中的关键是 True(真)和 Flase(假)。C 语言中，非 0 为 True，

0 为 Flase。使用关系与逻辑运算符的表达式,对 Flase 和 True 分别返回值 0 和 1。表 4-4 给出了常用的关系与逻辑运算符。

表 4-4　关系与逻辑运算符

运算符与逻辑运算符	含义
>	大于
>=	大于等于
<	小于
<=	小于等于
==	等于
! =	不等于
&&	与
‖	或
!	非

关系运算实际上是比较运算:将两个值进行比较,判断其比较的结果是否符合给定的条件。例如,a >4 是一个关系表达式,大于号(>)是一个关系运算符。如果 a 的值为 6,则满足给定的 a >4 的条件,因此关系表达式的值为"真";如果 a 的值为 2,则不满足 a >4的条件,则关系表达式的值为"假"。

"P1_4state( ) ==0;"调用右触须状态检测函数 P1_4state( ),将其返回值与 0 进行比较:如果返回值为 0,则关系表达式为"真",否则为"假"。

同样"P2_3state( ) ==0;"调用左触须状态检测函数 P2_3state( ),将其返回值与 0 进行比较:如果返回值为 0,则关系表达式为"真",否则为"假"。

需要注意赋值运算符" = "与关系运算符" == "的区别:赋值运算符" = "用来给变量赋值;关系运算符" == "用来判断两个值是否是相等的关系。

"&&"为逻辑"与"运算符,相当于 BASIC 语言中的 AND 运算符。回顾一下逻辑"与"的运算规则:

> A&&B　　若 A,B 为真,则 A&&B 为真。

注意,区分位操作符"&"和逻辑运算符"&&"。

在 if((P1_4state( ) ==0)&&(P2_3state( ) ==0))中将两个比较关系表达式用括号括起来,表示先进行比较运算,然后再将两个运算结果进行逻辑"与"运算。因此,该语句的工作原理是:只有当两根胡须都被压下时,该 if 语句的条件才为"真",然后才执行紧接它后面的花括号中的语句,否则跳到后面的 else if 语句。

两个 else if 语句中都只有一个关系表达式,当比较关系为真时,直接执行紧接其后的花括号中的内容;如果两个 else if 语句都为"假",则跳到后面的 else 语句,直接执行其后的语句(或者花括号中的内容,因为这里只有一条语句,所以省略了花括号)。

例程:RoamingWithWhiskers. c

这个程序示范了一种利用 if 语句测试胡须的输入并决定调用相应导航子程序的方法。

- 打开主板和伺服电机的电源
- 输入、保存并运行程序 RoamingWithWhiskers. c
- 尝试让机器人行走,当在其行走路线上遇到障碍物时,它将后退、旋转并转向另一个方向

```c
#include < BoeBot. h >
#include < uart. h >
int P1_4state(void)
{
    return (P1&0x10)? 1:0;
}
int P2_3state(void)
{
    return (P2&0x08)? 1:0;
}
void Forward(void)
{
    P1_1 = 1;
    delay_nus(1700);
    P1_1 = 0;
    P1_0 = 1;
    delay_nus(1300);
    P1_0 = 0;
    delay_nms(20);
}
void Left_Turn(void)
{
    int i;
    for(i = 1;i <=65;i ++)
    {
        P1_1 = 1;
        delay_nus(1300);
        P1_1 = 0;
        P1_0 = 1;
        delay_nus(1300);
        P1_0 = 0;
        delay_nms(20);
    }
```

```
    }
void Right_Turn(void)
{
    int i;
    for(i = 1;i <= 65;i ++ )
    {
      P1_1 = 1;
      delay_nus(1700);
      P1_1 = 0;
      P1_0 = 1;
      delay_nus(1700);
      P1_0 = 0;
      delay_nms(20);
    }
}
void Backward(void)
{
    int i;
    for(i = 1;i <= 65;i ++ )
    {
      P1_1 = 1;
      delay_nus(1300);
      P1_1 = 0;
      P1_0 = 1;
      delay_nus(1700);
      P1_0 = 0;
      delay_nms(20);
    }
}
int main(void)
{
    uart_Init();
    printf("Program Running! \n");

    while(1)
    {
        if((P1_4state() ==0)&&(P2_3state() ==0))    //两胡须同时碰到
```

```
{
    Backward();//向后
    Left_Turn();//向左
    Left_Turn();//向左
}
else if(P1_4state()==0)//右胡须碰到
{
    Backward();//向后
    Left_Turn();//向左
}
else if(P2_3state()==0)//左胡须碰到
{
    Backward();//向后
    Right_Turn();//向右
}
else    //胡须没有碰到
    Forward();//向前
}
}
```

主程序中的语句首先检查胡须的状态。如果两个胡须都触动了,即 P1_4state() 和 P2_3state() 都为 0,先调用 Backward(),紧接着调用 Left_Turn() 两次;如果只是右胡须被触动,即只有 P1_4state()==0,程序先调用 Backward(),然后调用 Left_Turn();如果左胡须被触动,即只有 P2_3state()==0,程序先调用 Backward(),再调用 Right_Turn();如果两个胡须都没有被触动,在 else 中调用 Forward() 语句。

函数 Left_Turn(),Right_Turn() 及 Backward() 与前文例程中的应用相同,但是函数 Forward() 有一个变动。它只发送一个脉冲,然后返回,这点相当重要。因为机器人可以在向前行走中的每两个脉冲之间检查胡须的状态,这就意味着机器人在向前行走的过程中,每秒检查胡须状态大概 43 次(1 000 ms/23 ms≈43)。

因为每个全速前进的脉冲都使得机器人前进大约半厘米,所以只发送一个脉冲,然后回去检查胡须的状态是不错的方法。每次程序从 Forward() 返回后,程序再次从 while 循环的开始处执行,此时 if-else 语句会再次检查胡须的状态。

2. 试一试

在以上例程的基础上完成下列步骤,观察机器人的运动过程。

① 调整 Left_Turn() 和 Right_Turn() 中 for 循环的循环次数,增加或减少电机的转角;

② 在空间较狭小的地方,调整 Backward() 中 for 循环的循环次数来减少后退的距离。

任务三　机器人进入死区后的人工智能决策

通过前面的学习，或许有人注意到机器人存在卡在墙角出不来的情况。当机器人进入墙角时，左胡须触墙，于是它右转前进，右胡须触墙，于是左转前进，又碰到左墙，再次碰到右墙……如果不把它从墙角拿出来，机器人会一直困在墙角里而出不来，即机器人进入了墙角死区。

1. 程序编写

可以修改 RoamingWithWhiskers.c，以使机器人碰到上述问题时能够逃离死区。方法是记下胡须交替触动的总次数，关键技巧是程序必须记住每个胡须的前一次触动状态，并和当前触动状态对比。如果状态相反，就在交替总数上加 1；如果这个交替总数超过了程序中预先给定的阈值，那么就该做一个"U"形转弯，并且把胡须交替计数器复位。

这个技巧的编程实现依赖于 if-else 嵌套语句。换句话说，程序检查一种条件，如果该条件成立（条件为真），则再检查包含于这个条件之内的另一个条件。以下是用伪代码说明嵌套语句的用法。

```
IF ( condition1 )
{
    commands for condition1
    IF ( condition2 )
    {
        commands for both condition2 and condition1
    }
    ELSE
    {
        commands for condition1 but not condition2
    }
}
ELSE
{
    commands for not condition1
}
```

伪代码通常用来描述不依赖于计算机语言的算法。无论是哪种计算机语言，都必须能够描述人类知识的逻辑结构,而人类知识的逻辑结构是统一的,比如条件判断就是人类知识最核心的逻辑之一。因此,各种计算机语言都由语法和关键词来实现条件判别。在写条件判断算法时,经常用一种能够描述人类知识结构逻辑的伪代码来描述在计算机中如何实现这些逻辑算法,以使算法具有通用性。有了伪代码,用具体的语言来实现算法就很简单了。

下面是一个包含 if-else 嵌套语句的 C 语言例程,它用于探测连续的、交替出现的胡须触动过程。

例程:EscapingCorners.c

这个程序使机器人在第 4 次或第 5 次交替探测到墙角后,完成一个"U"形的转弯,次数依赖于先被触动的胡须。

- 输入、保存并运行程序 EscapingCorners.c
- 在机器人行走时,轮流触动它的胡须,测试该程序

```c
#include < BoeBot. h >
#include < uart. h >
int P1_4state( void )
{
    return ( P1&0x10 )? 1 : 0;
}
int P2_3state( void )
{
    return ( P2&0x08 )? 1 : 0;
}
void Forward( void )
{
    P1_1 = 1;
    delay_nus( 1700 );
    P1_1 = 0;
    P1_0 = 1;
    delay_nus( 1300 );
    P1_0 = 0;
    delay_nms( 20 );
}
void Left_Turn( void )
{
    int i;
    for( i = 1; i <= 26; i + + )
    {
```

```
        P1_1 = 1;
        delay_nus(1300);
        P1_1 = 0;
        P1_0 = 1;
        delay_nus(1300);
        P1_0 = 0;
        delay_nms(20);
    }
}
void Right_Turn(void)
{
    int i;
    for(i = 1;i < = 26;i + + )
    {
        P1_1 = 1;
        delay_nus(1700);
        P1_1 = 0;
        P1_0 = 1;
        delay_nus(1700);
        P1_0 = 0;
        delay_nms(20);
    }
}
void Backward(void)
{
    int i;
    for(i = 1;i < = 65;i + + )
    {
        P1_1 = 1;
        delay_nus(1300);
        P1_1 = 0;
        P1_0 = 1;
        delay_nus(1700);
        P1_0 = 0;
        delay_nms(20);
    }
}
```

```
int main(void)
{
    int counter = 1; //胡须碰撞总次数
    int old2 = 1; //右胡须旧状态
    int old3 = 0; //左胡须旧状态

    uart_Init();
    printf("Program Running!\n");

    while(1)
    {
        if(P1_4state() != P2_3state())
        {
            if((old2 != P1_4state()) && (old3 != P2_3state()))
            {
                counter = counter + 1;
                old2 = P1_4state();
                old3 = P2_3state();
                if(counter > 4)
                {
                    counter = 1;
                    Backward(); //向后
                    Left_Turn(); //向左
                    Left_Turn(); //向左
                }
            }
            else
                counter = 1;
        }
        if((P1_4state() == 0) && (P2_3state() == 0))
        {
            Backward(); //向后
            Left_Turn(); //向左
            Left_Turn(); //向左
        }
        else if(P1_4state() == 0)
        {
```

```
            Backward( );//向后
            Left_Turn( );//向左
        }
        else if( P2_3state( ) == 0)
        {
            Backward( );//向后
            Right_Turn( );//向右
        }
        else
            Forward( );//向前
    }
}
```

由于该程序是经 RoamingWithWhiskers. c 修改而来的,因此下面只讨论与探测和逃离墙角相关的新特征。

```
int counter = 1;
int old2 = 1;
int old3 = 0;
```

这 3 个特别的变量用于探测墙角。int 型变量 counter 用来存储交替探测的次数,例程中,设定的交替探测的最大值为 4;int 型变量 old2,old3 用来存储胡须旧的状态值。

程序赋 counter 初值为 1,当机器人卡在墙角且此值累计到 4 时,counter 复位为 1。old2 和 old3 必须赋值,以至于看起来好像两根胡须中一根在程序开始之前被触动了,这是因为探测墙角的程序总是对比交替触动的部分:或者 P1_4state( ) == 0,或者 P2_3state( ) == 0,与之对应,old2 和 old3 的值也相互不同。

接下来探测连续而交替触动墙角的部分。

首先,检查是否有且只有一个胡须被触动。简单的方法就是询问"是否 P1_4state( ) 不等于 P2_3state( )"。其具体判断语句如下:

```
if( P1_4state( )! = P2_3state( ))
```

其次,假如真有胡须被触动,检查当前状态是否确实与上次不同,是否 old2 不等于 P1_4state( )且 old3 不等于 P2_3state( )。如果是,就在胡须触动计数器上加 1,同时记下当前的状态,设置 old2 等于当前的 P1_4state( ),old3 等于当前的P2_3state( ),即:

```
if( ( old2! = P1_4state( ) )&&( old3! = P2_3state( ) ) )
{
    counter = counter + 1;
    old2 = P1_4state( );
    old3 = P2_3state( );
}
```

如果发现胡须连续 4 次被触动,那么计数值置 1,并且进行"U"形转弯。

```
if( counter > 4 )
{
    counter = 1;
    Backward( );
    Left_Turn( );
    Left_Turn( );
}
```

紧接的 else 语句是机器人没有陷入墙角的情况,故需要将计数器值置 1,之后的程序和 RoamingWithWhiskers. c 中的一样。

2. 试一试

① 增加变量 counter 的数值为 5 和 6,观察结果变化;

② 减小变量 counter 的数值,观察小车在正常行走过程中是否有任何异常。

思考题

1. 请思考 C51 单片机的并行 I/O 口为何不可以直接进行输入和输出操作?

2. 除了本项目用到的"&"外,C 语言还有哪几种位运算符? 请查找相关资料,将这些位运算符找出来,并进行小结。

3. 除了本项目用到的" == "外,C 语言还有哪些关系运算符? 请查找相关资料,将这些关系运算符找出来,并进行小结。

4. 除了"&&"外,C 语言还有哪几种逻辑运算符?

5. C 语言的条件判断语句与 BASIC 的条件判断语句相比,哪种用起来更简单?

项目五

机器人红外线导航控制

技能要求

1. 了解红外传感器作为输入反馈与单片机的编程实现。
2. 了解三极管9013的基本原理及应用。
3. 掌握C语言#define指令的使用。
4. 掌握do-while循环控制语句的使用。
5. 掌握高性能红外线导航及边沿探测的实现。

现在许多遥控装置都使用频率低于可见光的红外线进行通信,机器人也可以使用红外线进行导航。本项目使用一些价格便宜且应用广泛的部件,让机器人的 C51 微控制器可以收、发红外光信号,从而实现机器人的红外线导航。

如何使用红外线发射器件和接收器件探测道路呢? 如果已经学习和实践过《基础机器人制作与编程》,可以忽略此小节,直接进入后面的实践任务。

项目五讲到的触觉胡须接触导航是依靠接触变形来探测物体的,而在许多情况下,人们往往希望不必接触就能探测到物体。许多机器人使用雷达(RADAR)或者声纳(SO-NAR)来探测物体而不需同物体接触。本项目的方法是使用红外光来照射机器人前进的路线,然后确定何时有光线从被探测目标反射回来,通过检测反射回来的红外光就可以确定前方是否有物体。红外遥控技术的发展迅速,现在红外线发射器和接收器已经很普及并且价格很便宜,这对于机器人爱好者是一个好消息。不过对于如何使用,则还需要花一些功夫来学习。

将要在机器人上建立的红外光探测物体系统在许多方面就像汽车的前灯系统。当汽车前灯射出的光被障碍物反射回来时,人的眼睛就发现了障碍物,然后大脑处理这些信息,并据此控制身体动作于驾驶的汽车。机器人使用红外线二极管 LED 作为前灯,如图 5-1 所示。图 5-2 是本项目需要用到的一些新的部件。

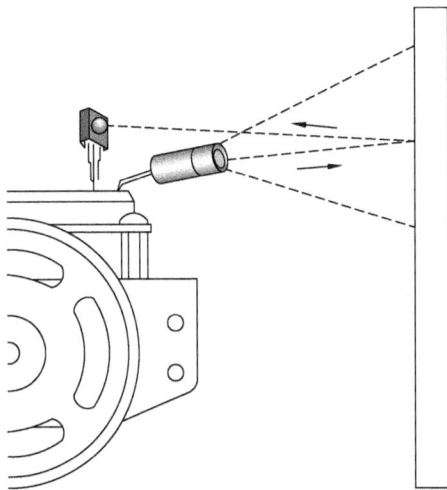

| 图 5-1　用红外光探测障碍物 | 图 5-2　本项目需要用到的新部件 |

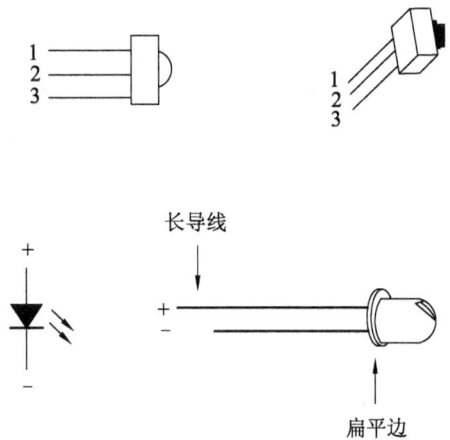

红外线二极管发射红外光,如果机器人前面有障碍物,红外线被物体反射回来,相当于机器人眼睛的红外检测(接收)器检测到反射回来的红外光线,并发出信号表明已检测到被物体反射回的红外线,机器人的大脑——单片机 AT89S52 就是基于这个传感器的输入来控制伺服电机。

红外线(IR)接收/探测器有内置的光滤波器,除了需要检测的 980 nm 波长的红外线外,它几乎不允许其他光通过。红外线检测器还有一个电子滤波器,它只允许大约 38.5 kHz 的电信号通过。换句话说,检测器只寻找每秒闪烁 38 500 次的红外光,这就防止了普通光源像太阳光和室内光对 IR 的干扰。太阳光是直流干扰(0 Hz)源,而室内光依赖于所在区域的主电源,闪烁频率接近 100 Hz 或 120 Hz。由于 120 Hz 在电子滤波器的 38.5 kHz 通带频率之外,因此它可以完全被 IR 探测器忽略。

任务一　搭建并测试 IR 发射和探测器对

本任务的目的是搭建并测试 IR 发射和探测器对,涉及如下的元件清单:

① 2 个 IR 检测器;

② 2 个 IR LED;

③ 4 个 470 Ω 电阻;

④ 2 个 9013 三极管。

1. 搭建 IR 前灯

电路板的每个角均安装一个 IR 组(IR LED 和探测器)。

① 断开主板和伺服系统的电源;

② 建立如图 5-3 所示的电路,可参考实物图 5-4。

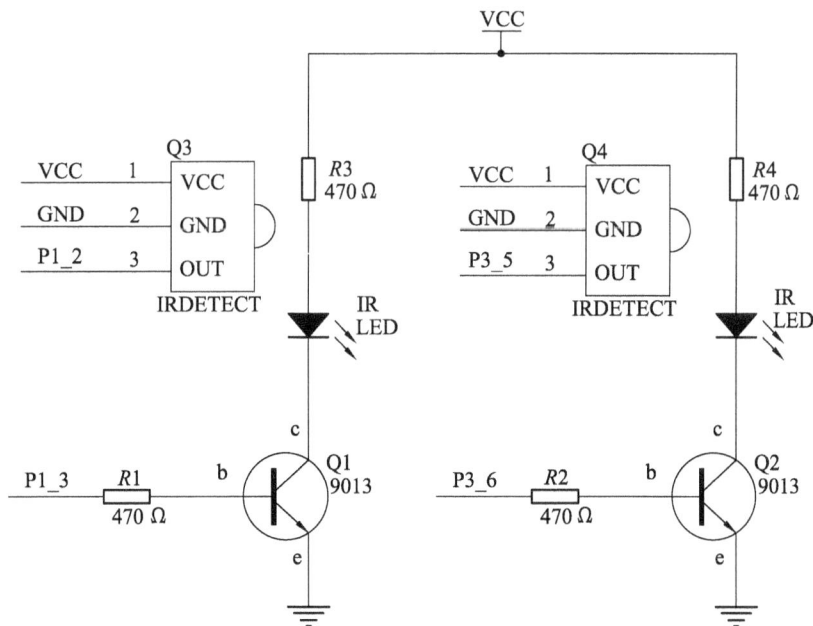

图 5-3　左侧和右侧 IR 组原理图

图 5-4　左右 IR 组实物参考图

之所以使用 9013 的三极管,是因为 C51 的 I/O 驱动能力较弱,加入三极管可以使其工作在开关状态。

三极管是一种控制元件,主要用来控制电流的大小,简单地说,就是用小电流去控制大电流。

通过一定的工艺,把两个二极管背靠背地连接起来就组成了三极管。按 PN 结的组合方式,三极管可分为 PNP 型和 NPN 型。本任务中用到的是 NPN 型三极管 9013,结构图及符号图如图 5-5 所示,管脚图如图 5-6 所示。

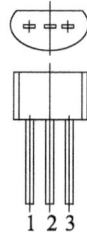

集电极 c
基极 b
发射极 e

(a) 结构图　　(b) 符号图

图 5-5　三极管

TO-92

1.EMITTER
　发射极
2.BASE
　基极
3.COLLECTOR
　集电极

1 2 3

图 5-6　三极管管脚图

这里简单介绍下 9013 三极管的工作原理。9013 三极管的基区做得很薄,当按图 5-3 连接时,发射结正偏,集电结反偏,发射区向基区注入电子,这时由于集电结反偏,对基区的电子有很强的吸引力,所以由发射区注入基区的电子大部分进入集电区,于是集电极的电流得到了增大。

在这个任务中,三极管相当于一个开关:当 P1_3(P3_6)置高时,从集电区经基区到发射区电路导通,加载在 IR LED 上的电压为 VCC(5 V),IR LED 向外发射红外线;当 P1_3(P3_6)置低时,电路断开,IR LED 停止发射。

2. 测试 IR 发射探测器

下面要用 P1_3 发送持续 1 ms 的 38.5 kHz 的红外光,如果红外光被小车路径上的物体反射回来,IR 探测器将给微控制器发送一个信号,提示已经探测到反射回的红外光。

让每个 IR LED 探测器组工作的关键是发送 1 ms 频率为 38.5 kHz 的红外信号,然后立刻将 IR 探测器的输出存储到一个变量中。以下例子中,IR 组发送 38.5 kHz 信号给连接到 P1_3 的 IR 发射器,然后用整型变量 irDetectLeft 存储连接到 P1_2 的 IR 探测器的输出。

```
for( counter = 0; counter < 38; counter ++ )
{
    P1_3 = 1;
    delay_nus( 13 );
    P1_3 = 0;
    delay_nus( 13 );
}
irDetectLeft = P1_2state( );
```

上述代码给 P1_3 输出的信号高电平 13 μs,低电平 13 μs,总周期为 26 μs,即频率约为 38.5 kHz。总共输出 38 个周期的信号,即持续时间约为 1 ms(38 × 26 约等于 1 000 μs)。

当没有红外光信号返回时,探测器的输出状态为高电平。当它探测到被物体反射的 38.5 kHz 红外光信号时,它的输出为低电平。因红外光信号发送的持续时间为 1 ms,IR 探测器的输出如果处于低电平,其持续状态也不会超过 1 ms,因此发送完信号后必须立即将 IR 探测器的输出存储到变量中,这些存储的值会显示在调试终端或被机器人用来导航。

例程:TestLeftIrPair. c

● 打开教学板的电源
● 输入、保存并运行程序 TestLeftIrPair. c

```
#include < BoeBot. h >
#include < uart. h >
int P1_2state( void )
{
    return ( P1&0x04 )? 1:0;
}
int main( void )
{
    int counter;
    int irDetectLeft;
    uart_Init( );
    printf("Program Running! \n");
    while( 1 )
```

```
  {
      for( counter = 0; counter < 38; counter++ )
      {
          P1_3 = 1;
          delay_nus( 13 );
          P1_3 = 0;
          delay_nus( 13 );
      }
      irDetectLeft = P1_2state( );
      printf( "irDetectLeft = %d\n", irDetectLeft );
      delay_nms( 100 );
  }
}
```

（1）调试

① 保持机器人与串口电缆的连接，因为需用调试终端来测试 IR 组。

② 放一个物体，如一张纸，距离左侧 IR 组 2～3 cm，参考图 5-1。

③ 验证当放一个物体在 IR 组前时，调试终端是否会显示"irDetecfLeft = 0"；当物体移开时，调试终端是否显示"irDetectLeft = 1"，如图 5-7 所示。

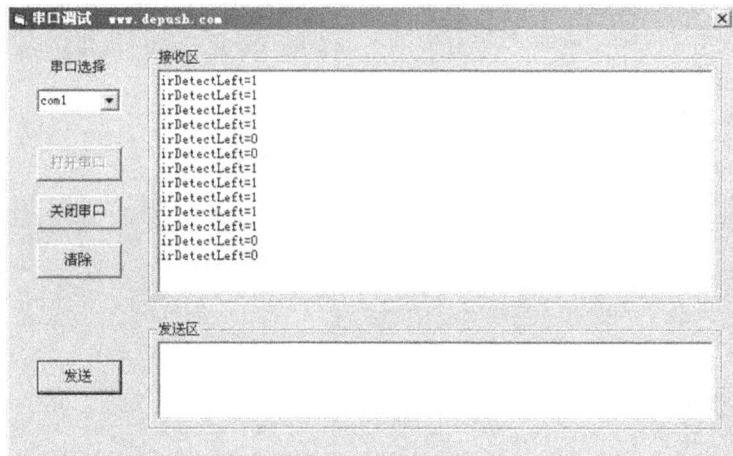

图 5-7　测试左 IR 组

④ 如果调试终端显示的是预料的值，即没发现物体时显示 1，发现物体时显示 0，则转到例程后的"试一试"部分。

⑤ 如果调试终端显示的不是预料的值，试试按照"排错"部分里的步骤进行排错。

（2）排错

① 如果调试终端显示的不是预料的值，检查电路和输入的程序。

② 如果总是得到 0，甚至当没有物体在机器人前面时也是 0，则可能是附近的物体反

射了红外线,机器人前面的桌面是常见的始作俑者。此时需要调整红外发射器的角度,使 IR LED 和探测器不会受桌面等物体的影响。

③ 如果机器人前面没有物体时绝大多数时间显示是1,但是偶尔是0,则可能是附近的荧光灯的干扰。关掉附近的荧光灯,重新测试。

（3）函数的延时

如果有数字示波器,可以测量引脚 P1_3 产生的方波频率,测量后会发现频率并不是严格的38.5 kHz,而是比38.5 kHz 略低。这是因为以上例程中除了延时函数本身严格产生了13 μs 的延时外,延时函数的调用过程也会产生延时,因此实际产生的延时会比13 μs更长。函数调用时,CPU 会先进行一系列的操作,这些操作是需要时间的,至少几个微秒,而现在所要求的延时也是微秒级,这就造成了延时的不精确性。下面介绍一种常用的延时方法,在实际工程中应用非常广泛。

如果把 Keil μVision2 IDE 安装在了 C 盘,那么可以在 C:\Program Files\Keil\C51\INC 目录下发现头文件"INTRINS. H",这个头文件里声明了空函数_nop_(void),它能延时1 μs。这是以单片机在12 MHz 晶振下计算的,单片机 AT89S52 一个时钟周期(即晶振频率的倒数)为:

$$T = 1/12M = (1/12) \times 10^{-6} \text{ s}$$

而单片机的操作是用机器周期(t)来计算的,一个机器周期为十二个时钟周期,因此

$$t = 12 \times T = 1 \times 10^{-6} \text{s} = 1 \text{ μs}$$

由于教学板的晶振选用11.059 2 MHz,它能产生延时的时间是1.08 μs,与1 μs 相比有稍许误差。

延时还有很多方法,如使用中断。中断的应用会在后续项目中介绍。

3. 试一试

① 将程序 TestLeftIrPair. c 另存为 TestRightIrPair. c;

② 更改名称和注释使程序适合于右侧 IR 组;

③ 采用刚刚讨论过的产生约13 μs 延时的程序片断替代延时函数 delay_nus(13);

④ 将变量名 irDetectLeft 改为 irDetectRight;

⑤ 将函数名 P1_2state 改为 P3_5state,并将函数体中的0x04 改为0x20;

⑥ 重复前面的测试步骤,将 IR LED 连接到 P3_6,检测器连接到 P3_5。

任务二　探测和避开障碍物

有关 IR 探测器的一个有趣的事是,它的输出与触须的输出非常相像,即没有探测到

物体时,输出为高电平;检测到物体时,输出为低电平。本任务中,更改程序 Roaming-WithWhiskers. c,使之适用于 IR 探测器。

进行 IR 探测时要使用 AT89S52 的 4 个引脚:P1_2,P1_3,P3_5 和 P3_6。下面介绍一种方法,有助于明确每个引脚的作用。

```
#define LeftIR          P1_2//左边红外接收连接到 P1_2
#define RightIR         P3_5//右边红外接收连接到 P3_5
#define LeftLaunch      P1_3//左边红外发射连接到 P1_3
#define RightLaunch     P3_6//右边红外发射连接到 P3_6
```

这里用到了指令#define,它可以声明标识符常量,这样就可以用 LeftIR 代替 P1_2,用 RightIR 代替 P3_5。

下一个例程与 RoamingWithWhiskers. c 相似,通过改变胡须程序使其适用于 IR 探测和避开障碍物。更改旁边的名称和描述,加入两个变量来存储 IR 检测器的状态。

```
int irDetectLeft
int irDetectRight
```

调用一个函数 void IRLaunch(unsigned char IR)来进行红外线发射。

```
void IRLaunch( unsigned char IR)
{
int counter;
if( IR == 'L')
    for( counter = 0;counter < 38;counter ++)//左边发射
    {
    LeftLaunch = 1;
    _nop_(); _nop_(); _nop_(); _nop_(); _nop_(); _nop_();
    _nop_(); _nop_(); _nop_(); _nop_(); _nop_(); _nop_();
    LeftLaunch = 0;
    _nop_(); _nop_(); _nop_(); _nop_(); _nop_(); _nop_();
    _nop_(); _nop_(); _nop_(); _nop_(); _nop_(); _nop_();
    }
if( IR == 'R')
    for( counter = 0;counter < 38;counter ++)//右边发射
    {
        RightLaunch = 1;
        _nop_(); _nop_(); _nop_(); _nop_(); _nop_(); _nop_();
        _nop_(); _nop_(); _nop_(); _nop_(); _nop_(); _nop_();
        RightLaunch = 0;
        _nop_(); _nop_(); _nop_(); _nop_(); _nop_(); _nop_();
```

```
        _nop_(); _nop_(); _nop_(); _nop_(); _nop_(); _nop_();
    }
}
```

修改 if-else 语句,存储 IR 检测信息的变量。

```
if((irDetectLeft ==0)&&(irDetectRight ==0))//两边同时接收到红外线
{
    Left_Turn();
    Left_Turn();
}
else if(irDetectLeft ==0)//只有左边接收到红外线
    Right_Turn();
else if(irDetectRight ==0)//只有右边接收到红外线
    Left_Turn();
else
    Forward();
```

例程:RoamingWithIr. c

- 打开教学板的电源
- 保存并运行程序
- 验证机器人的行为,并与运行程序 RoamingWithWhiskers. c 进行比较

```
#include < BoeBot. h >
#include < uart. h >
#include < intrins. h >


#define LeftIR          P1_2//左边红外接收连接到 P1_2
#define RightIR         P3_5//右边红外接收连接到 P3_5
#define LeftLaunch      P1_3//左边红外发射连接到 P1_3
#define RightLaunch     P3_6//右边红外发射连接到 P3_6


void  IRLaunch(unsigned char IR)
{
    int counter;
    if( IR =='L')//左边发射
    for( counter =0;counter <38;counter ++ )
    {
        LeftLaunch =1;
```

```
                _nop_(); _nop_(); _nop_(); _nop_(); _nop_(); _nop_();
                _nop_(); _nop_(); _nop_(); _nop_(); _nop_(); _nop_();
                LeftLaunch = 0;
                _nop_(); _nop_(); _nop_(); _nop_(); _nop_(); _nop_();
                _nop_(); _nop_(); _nop_(); _nop_(); _nop_(); _nop_();
            }
            if(IR == 'R')//右边发射
            for(counter = 0;counter < 38;counter ++ )
            {
                RightLaunch = 1;
                _nop_(); _nop_(); _nop_(); _nop_(); _nop_(); _nop_();
                _nop_(); _nop_(); _nop_(); _nop_(); _nop_(); _nop_();
                RightLaunch = 0;
                _nop_(); _nop_(); _nop_(); _nop_(); _nop_(); _nop_();
                _nop_(); _nop_(); _nop_(); _nop_(); _nop_(); _nop_();
            }
    }
    void Forward(void)//向前行走子程序
    {
        P1_1 = 1;
        delay_nus(1700);
        P1_1 = 0;
        P1_0 = 1;
        delay_nus(1300);
        P1_0 = 0;
        delay_nms(20);
    }
    void Left_Turn(void)//左转子程序
    {
        int i;
        for( i = 1;i < = 26;i ++ )
        {
            P1_1 = 1;
            delay_nus(1300);
            P1_1 = 0;
            P1_0 = 1;
            delay_nus(1300);
```

```
        P1_0 = 0;
        delay_nms(20);
    }
}
void Right_Turn(void)//右转子程序
{
    int i;
    for( i = 1;i <= 26;i ++ )
    {
        P1_1 = 1;
        delay_nus(1700);
        P1_1 = 0;
        P1_0 = 1;
        delay_nus(1700);
        P1_0 = 0;
        delay_nms(20);
    }
}
void Backward(void)//向后行走子程序
{
    int i;
    for( i = 1;i <= 65;i ++ )
    {
        P1_1 = 1;
        delay_nus(1300);
        P1_1 = 0;
        P1_0 = 1;
        delay_nus(1700);
        P1_0 = 0;
        delay_nms(20);
    }
}
int main(void)
{
    int irDetectLeft,irDetectRight;
    uart_Init();
    printf("Program Running! \n");
```

```
while(1)
{
    IRLaunch('R'); //右边发射
    irDetectRight = RightIR;//右边接收
    IRLaunch('L'); //左边发射
    irDetectLeft = LeftIR;//左边接收
    if((irDetectLeft ==0)&&(irDetectRight ==0))
                                    //两边同时接收到红外线
    {
        Backward();
        Left_Turn();
        Left_Turn();
    }
    else if(irDetectLeft ==0)//只有左边接收到红外线
    {
        Backward();
        Right_Turn();
    }
    else if(irDetectRight ==0)//只有右边接收到红外线
    {
        Backward();
        Left_Turn();
    }
    else
        Forward();
}
}
```

在掌握胡须导航的基础上,理解本例程是很容易的,因为它采取了与胡须相同的导航策略。

任务三　高性能的 IR 导航

在胡须导航里使用的预编程机动动作很好,但是在使用 IR LED 和探测器时会造成不必要的迟钝。发送脉冲给电机之前检查障碍物,可以大大改善机器人的行走性能。程序可以使用传感器的输入为每个瞬间的导航选择最好的机动动作。这样,机器人永远不会走过头,而是会找到绕开障碍物的完美路线,成功地避开障碍物。

1. 程序编写

探测障碍物很重要的一点是,在机器人撞到它之前给机器人留有绕开它的空间。如果前方有障碍物,机器人会使用脉冲命令避开,然后探测;如果障碍物还在,再使用另一个脉冲来避开它。机器人能持续使用电机驱动脉冲和探测,直到绕开障碍物,然后它会继续发送向前行走的脉冲。试验以下程序,判断其对于设置机器人行走是否是一个很好的方法。

例程:FastIrRoaming. c

● 输入、保存并运行程序 FastIrRoaming. c

```
#include < BoeBot. h >
#include < uart. h >
#include < intrins. h >
#define LeftIR        P1_2//左边红外接收连接到 P1_2
#define RightIR       P3_5//右边红外接收连接到 P3_5
#define LeftLaunch    P1_3//左边红外发射连接到 P1_3
#define RightLaunch   P3_6//右边红外发射连接到 P3_6

void  IRLaunch( unsigned char IR )
{
    int counter;
    if( IR == 'L')//左边发射
    for( counter = 0;counter < 38;counter ++ )//左边发射
    {
        LeftLaunch = 1;
        _nop_( ); _nop_( ); _nop_( ); _nop_( ); _nop_( ); _nop_( );
        _nop_( ); _nop_( ); _nop_( ); _nop_( ); _nop_( ); _nop_( );
        LeftLaunch = 0;
        _nop_( ); _nop_( ); _nop_( ); _nop_( ); _nop_( ); _nop_( );
```

```
            _nop_(); _nop_(); _nop_(); _nop_(); _nop_(); _nop_();
    }
    if( IR == 'R')//右边发射
    for( counter = 0;counter < 38;counter ++ )//右边发射
    {
        RightLaunch = 1;
        _nop_(); _nop_(); _nop_(); _nop_(); _nop_(); _nop_();
        _nop_(); _nop_(); _nop_(); _nop_(); _nop_(); _nop_();
        RightLaunch = 0;
        _nop_(); _nop_(); _nop_(); _nop_(); _nop_(); _nop_();
        _nop_(); _nop_(); _nop_(); _nop_(); _nop_(); _nop_();
    }
}
int main( void)
{
    int pulseLeft,pulseRight;
    int  irDetectLeft,irDetectRight;
    uart_Init();
    printf("Program Running! \n");
    do
    {
      IRLaunch('R'); //右边发射
      irDetectRight = RightIR;//右边接收
      IRLaunch('L'); //左边发射
      irDetectLeft = LeftIR;//左边接收
      if( ( irDetectLeft ==0)&&( irDetectRight ==0))//向后退
      {
        pulseLeft = 1300;
        pulseRight = 1700;
      }
      else if( ( irDetectLeft ==0)&&( irDetectRight ==1))//右转
      {
        pulseLeft = 1700;
        pulseRight = 1700;
      }
      else if( ( irDetectLeft ==1)&&( irDetectRight ==0))//左转
      {
```

```
            pulseLeft = 1300;
            pulseRight = 1300;
        }
        else //前进
        {
            pulseLeft = 1700;
            pulseRight = 1300;
        }
        P1_1 = 1;
        delay_nus(pulseLeft);
        P1_1 = 0;
        P1_0 = 1;
        delay_nus(pulseRight);
        P1_0 = 0;
        delay_nms(20);
    }
    while(1);
}
```

这个程序采用稍微不同的方法来使用驱动脉冲,除了两个存储 IR 探测器输出的状态以外,还采用两个整型变量来设置发送的脉冲持续时间。

```
    int pulseLeft,pulseRight;
    int irDetectLeft,irDetectRight;
```

前文学习了当型循环控制语句 while,这里则要学习另一种循环控制语句 do-while。

在 C 语言中,直到型循环控制语句是"do-while",它的一般形式为:

$$do \ 语句 \ while(表达式);$$

其中,语句通常为复合语句,称为循环体。

do-while 语句的基本特点是:先执行后判断。因此,循环体至少被执行一次。

在 do 循环体中,机器人发送 38.5 kHz 的 IR 信号给每个 IR LED。当脉冲发送完后,变量立即存储 IR 探测器的输出状态,若等待的时间太长,无论是否发现物体,返回的都是没有探测到物体的状态 1。

```
    IRLaunch('R'); //右边发射
    irDetectRight = RightIR; //右边接收
    IRLaunch('L'); //左边发射
    irDetectLeft = LeftIR; //左边接收
```

在 if-else 语句中的程序不是发送脉冲或调用导航程序,而是设置发送的脉冲持续时间。

```
if((irDetectLeft==0)&&(irDetectRight==0))
{
    pulseLeft = 1300;
    pulseRight = 1700;
}
else if(irDetectLeft==0)
{
    pulseLeft = 1700;
    pulseRight = 1700;
}
else if(irDetectRight==0)
{
    pulseLeft = 1300;
    pulseRight = 1300;
}
else
{
    pulseLeft = 1700;
    pulseRight = 1300;
}
```

在重复循环体之前,要做的最后一件事是发送脉冲给伺服电机。

```
P1_1 =1;
delay_nus(pulseLeft);
P1_1 =0;
P1_0 =1;
delay_nus(pulseRight);
P1_0 =0;
delay_nms(20);
```

2. 试一试

① 将程序 FastIrRoaming.c 另存为 FastIrRoamingYourTurn.c;

② 用 LED 来指示机器人探测到物体;

③ 试着更改 pulseLeft 和 pulseRight 的值,使机器人以一半的速度行走;

④ 尝试将例程中的 while 语句替换为 do-while 语句,将以前使用 while 语句的地方替换成 do-while 语句,观察是否可行。

任务四　俯视的探测器

到目前为止,当机器人探测到前面有障碍物时,机器人必须做出避让动作。然而有些场合,即使没有检测到障碍物,机器人也必须采取避让动作。例如,机器人在桌子上行走,IR探测器向下探测桌子表面。只要IR探测器能够"看"到桌子表面,程序就会使机器人继续向前走。换句话说,只要行走的桌子表面能够被探测到,机器人就会继续向前走。

1. 边沿探测的实验准备

① 断开主板和伺服系统的电源。

② 使 IR 组向外向下,如图 5-8 所示。

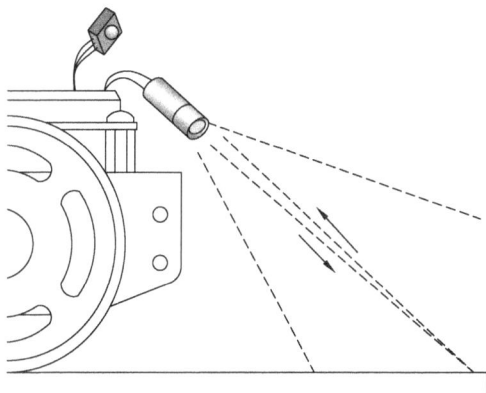

图 5-8　俯视的探测器

③ 如图 5-9 所示,建立一块有绝缘带边界的场地。

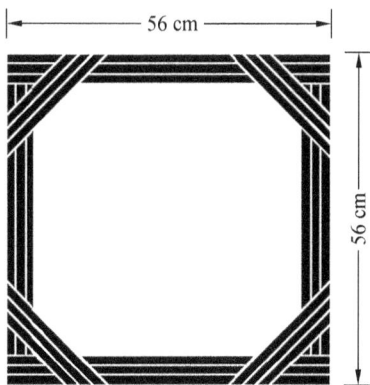

图 5-9　模拟桌面边沿的绝缘带边

推荐材料：

● 卷装黑色聚氯乙烯绝缘带——19 mm 宽

● 一张白色招贴板——56 cm×71 cm

由绝缘带制作边框的白色招贴板能够很容易地模拟桌子的边沿,这对机器人没有什么危险。此处使用至少 3 条绝缘带,绝缘带边缘之间连接紧密,没有白色露出来。

④ 用 1 kΩ(或 2 kΩ)电阻代替图 5-3 中 R3(R4),这样一来就减少了流过 IR LED 的电流,从而降低了发射功率,使机器人可在本任务中"看"得近一些。

2. 边沿探测编程

使机器人在桌面行走而不会走到桌边,只需修改程序 FastIrRoaming. c 中的 if-else 语句:当 irDetectLeft 和 irDetectRight 的值都是 0 时,表明在桌子表面探测到物体(桌面),机器人向前行走;当探测器没有探测到物体(桌面)时,机器人会从该探测器所在方向避开,向另一个探测器所在方向转动。例如,如果 irDetectLeft 的值是 1,机器人会向右转。

避开边沿程序的第二个特征是可调整的距离。如果希望机器人在检查两个检测器之间只响应一个向前的脉冲,而只要发现边沿,在下一次检测之前希望它响应几个对转动有利的脉冲。

在躲避的动作中虽使用了几个脉冲,但并不意味着必须返回到胡须式的导航。相反,可以增加变量 pulseCount 来设置传输给机器人的脉冲数。一个向前的脉冲,pulseCount 可以是 1;10 个向左的脉冲,pulseCount 可以设为 10;等等。

例程:**AvoidTableEdge. c**

● 打开程序 FastIrRoaming. c 并另存为 AvoidTableEdge. c

● 修改它使其与下面例程匹配

● 打开主板与电机的电源

● 在带绝缘带边框的场地上测试程序

```c
#include < BoeBot. h >
#include < uart. h >
#include < intrins. h >


#define LeftIR        P1_2//左边红外接收连接到 P1_2
#define RightIR       P3_5//右边红外接收连接到 P3_5
#define LeftLaunch    P1_3//左边红外发射连接到 P1_3
#define RightLaunch   P3_6//右边红外发射连接到 P3_6


void  IRLaunch( unsigned char IR )
{
    int counter;
    if( IR == 'L' )//左边发射
    for( counter = 0;counter < 38;counter ++ )
    {
```

```
        LeftLaunch = 1;
        _nop_(); _nop_(); _nop_(); _nop_(); _nop_(); _nop_();
        _nop_(); _nop_(); _nop_(); _nop_(); _nop_(); _nop_();
        LeftLaunch = 0;
        _nop_(); _nop_(); _nop_(); _nop_(); _nop_(); _nop_();
        _nop_(); _nop_(); _nop_(); _nop_(); _nop_(); _nop_();
    }
    if( IR == 'R')//右边发射
    for( counter = 0; counter < 38; counter ++ )
    {
        RightLaunch = 1;
        _nop_(); _nop_(); _nop_(); _nop_(); _nop_(); _nop_();
        _nop_(); _nop_(); _nop_(); _nop_(); _nop_(); _nop_();
        RightLaunch = 0;
        _nop_(); _nop_(); _nop_(); _nop_(); _nop_(); _nop_();
        _nop_(); _nop_(); _nop_(); _nop_(); _nop_(); _nop_();
    }
}
int main( void)
{
    int i, pulseCount;
    int pulseLeft, pulseRight;
    int irDetectLeft, irDetectRight;
    uart_Init();
    printf("Program Running! \n");
    do
    {
        IRLaunch('R'); //右边发射
        irDetectRight = RightIR; //右边接收
        IRLaunch('L'); //左边发射
        irDetectLeft = LeftIR; //左边接收
        if( ( irDetectLeft ==0) &&( irDetectRight ==0)) //向前走
        {
            pulseCount = 1;
            pulseLeft = 1700;
            pulseRight = 1300;
        }
```

```
        else if((irDetectLeft == 1) && (irDetectRight == 0))  //右转
        {
            pulseCount = 10;
            pulseLeft = 1300;
            pulseRight = 1300;
        }
        else if((irDetectLeft == 0) && (irDetectRight == 1))  //左转
        {
            pulseCount = 10;
            pulseLeft = 1700;
            pulseRight = 1700;
        }
        else  //后退
        {
            pulseCount = 15;
            pulseLeft = 1300;
            pulseRight = 1700;
        }
        for(i = 0; i < pulseCount; i++)
        {
            P1_1 = 1;
            delay_nus(pulseLeft);
            P1_1 = 0;

            P1_0 = 1;
            delay_nus(pulseRight);
            P1_0 = 0;
            delay_nms(20);
        }
    }
    while(1);
}
```

在程序中加入一个 for 循环来控制每次发送的脉冲数,加入一个变量 pulseCount 作为循环的次数:

```
    int pulseCount;
```

在 if-else 中设置 pulseCount 的值同设置 pulseRight 和 pulseLeft 值的方法一样。如果两个探测器都能"看"到桌面,则响应一个向前的脉冲:

```
if((irDetectLeft == 0) && (irDetectRight == 0))
{
    pulseCount = 1;
    pulseLeft = 1700;
    pulseRight = 1300;
}
```

如果左边的 IR 探测器没有"看"到桌面,则向右旋转 10 个脉冲:

```
else if(irDetectLeft == 1)
{
    pulseCount = 10;
    pulseLeft = 1300;
    pulseRight = 1300;
}
```

如果右边的 IR 探测器没有"看"到桌面,则向左旋转 10 个脉冲:

```
else if(irDetectRight == 1)
{
    pulseCount = 10;
    pulseLeft = 1700;
    pulseRight = 1700;
}
```

如果两个探测器都"看"不到桌面,则向后退 15 个脉冲,希望其中一个探测器能够"看"到桌子边沿:

```
else
{
    pulseCount = 15;
    pulseLeft = 1300;
    pulseRight = 1700;
}
```

现在 pulseCount,pulseLeft 和 pulseRight 的值都已设置,for 循环发送由变量 pulseLeft 和 pulseRight 决定的脉冲数:

```
for(int i = 0; i < pulseCount; i ++)
{
    P1_1 = 1;
```

```
        delay_nus(pulseLeft);
        P1_1 = 0;
        P1_0 = 1;
        delay_nus(pulseRight);
        P1_0 = 0;
        delay_nms(20);
    }
```

3. 试一试

在 if-else 中给 pulseLeft，pulseRight 和 pulseCount 设置不同的值来做一些试验。举个例子：如果机器人走的不远，只是沿着绝缘带的边界行走，用向后转代替转弯会让小车的行为更有趣。

① 调整程序 AvoidTableEdge. c 的 pulseCount 的值，使机器人在有绝缘带边界的场地中行走，但又不会避开绝缘带太远；

② 采用使机器人在场地行走而不是沿边沿行走的方法，即绕轴旋转做试验。

思考题

1. 文中"C51 输出接口的驱动能力有限"，其具体含义是什么？ 在设计电子电路或者机电一体化系统时，时时刻刻都要考虑驱动能力，如电阻和电容。试分析在使用和维护这些系统时如何注意这个关键问题。

2. 除了本项目用到的声明标识符常量外，请查找相关资料，找出#define 还有哪些用法，并进行小结。

3. do-while 语句与 while 语句的联系与区别。

4. 障碍物与道路（桌面）本是两个对立的概念，在本项目中却可以用同一个传感器进行探测。分析一下其中的核心原理。

机器人的距离检测

技能要求

1. 了解定时/计数器的应用及编程实现。
2. 掌握 C51 单片机中断服务函数的概念和使用。
3. 掌握 C 语言一维数组的使用。
4. 掌握机器人红外测距及跟随策略的实现。

在项目五中,用红外传感器探测是否有障碍物挡在机器人的前方路线上,并不用直接接触障碍物。而要知道障碍物的远近,则通常是声纳完成的任务。它发送一组声音脉冲并记录下回声反射回来所需的时间,根据这个时间就可以计算距离障碍物有多远。然而,还有一种完成距离探测的方法,它采用与项目五相同的电路。

如果机器人可以检测到前方障碍物的距离,就可以编程让机器人跟随障碍物行走而不会碰上它,也可以编程让机器人沿着白色背景上的黑色轨迹行走。

本项目将采用同前面一样的 IR LED/探测电路来探测距离。

任务一　定时/计数器的运用

本项目需要用到单片机更精确的定时功能,在此介绍 51 单片机定时/计数器的使用方法。单片机的定时/计数器能够提供更精确的时间。

前文已经介绍了几种延时方法,除了空操作函数_nop_( )外,定时/计数器能产生更精确的延时,它的最小延时单位为 1 个机器周期。前文讲过:若晶振频率为 12 MHz,则延时单位为 1 μs;若晶振频率为 11. 0592 MHz,则延时单位为 1. 08 μs。

单片机 AT89S52 的定时/计数器可以分为定时器模式和计数器模式。这两种模式没有本质上的区别,均使用二进制的加 1 计数:当计数器的值计满回零时能自动产生中断请求,以此来实现定时或者计数功能。它们的不同之处在于定时器使用单片机的时钟来计数,而计数器使用的是外部信号。

1. 定时/计数器的控制

单片机 AT89S52 有两个定时/计数器,通过 TCON 和 TMOD 这两个特殊功能寄存器控制。TCON 和 TMOD 都可以在头文件 uart. h 中看到其应用。

TCON 为定时器控制寄存器,有 8 位,每位的含义见表 6-1。TCON 的低 4 位与定时器无关,主要用于检测和触发外部中断。

表 6-1　TCON 控制寄存器

位	符 号	描述
TCON. 7	TF1	定时器 1 溢出标志位;由硬件置位,由软件清除
TCON. 6	TR1	定时器 1 运行控制位;由软件置位或清除:置 1 为启动,置 0 为停止
TCON. 5	TF0	定时器 0 溢出标志位
TCON. 4	TR0	定时器 0 运行控制位
TCON. 3	IE1	外部中断 1 边沿触发标志

续表

位	符 号	描述
TCON.2	IT1	外部中断 1 类型标志位
TCON.1	IE0	外部中断 0 边沿触发标志
TCON.0	IT0	外部中断 0 类型标志位

TMOD 为定时器模式寄存器,也有 8 位,但不能像 TCON 一样一位一位的设置,只能通过字节传送指令来设定 TMOD 的各个状态。TMOD 的各位定义见表 6-2。

表 6-2 TMOD 模式寄存器

位	名字	定时器	描述
7	GATE	1	门控制;当被置为 1 时,只有 $\overline{INT}$ 为高电平时,定时器才开始工作
6	C/$\overline{T}$	1	定时/计数器选择位:1 = 计数器;0 = 定时器
5	M1	1	模式位 1(见表 6-3)
4	M0	1	模式位 0(见表 6-2)
3	GATE	0	定时器 0 的门控制位
2	C/$\overline{T}$	0	定时器 0 的定时/计数选择位
1	M1	0	定时器 0 的模式位 1
0	M0	0	定时器 0 的模式位 0

(1)工作模式

每个定时/计数器都有一个 16 位的寄存器 Tn(n = 0 或 1)来控制计数长度,由高 8 位 THn 和低 8 位 TLn 置初值。定时/计数器有 4 种工作模式,见表 6-3。

表 6-3 定时器工作模式

M1	M0	模式
0	0	0
0	1	1
1	0	2
1	1	3

模式 0:定时/计数器按 13 位自加 1 计数器工作。这 13 位由 TH 的 8 位和 TL 中的低 5 位组成,TL 中的高 3 位没有用到。

模式 1:定时/计数器按 16 位自加 1 计数器工作。

模式 2:定时/计数器被拆成一个 8 位寄存器 TH 和一个 8 位计数器 TL,以便实现自动重载。这种模式使用起来非常方便,一旦设置好 TMOD 和 THn,定时器就可以按设定好的周期溢出。

模式 3:TH0 和 TL0 均作为两个独立的 8 位计数器工作。定时器 1 在模式 3 下不工作。

（2）定时/计数器初值的计算

定时/计数器是在计数初值的基础上加法计数的。假设 Tn(TLn 和 THn)中写入的值为 TC，在该模式下最大计数值为 2^n，程序运行的计数值为 CC，则有

$$TC = 2^n - CC$$

在项目二中已经采用 LED 来测试电路，通过延时函数使 LED 每隔一段时间闪烁一次。在本任务中，是否可以通过定时/计数器来实现 LED 测试电路呢？

假设通过 P1_0 所接的灯每 0.4 ms 闪动一次，即每过 0.2 ms 灭一次，再过 0.2 ms 亮一次。

模式 2 最大计数值为 256 μs(2^8)，满足要求，因此用模式 2 来显示 LED 灯的闪烁功能，计数的值 CC 为 0.2 ms/1 μs = 200。利用公式计算得出 TC = 256 - 200 = 56，换算成十六进制为 TC = 0x38。

2. 编程实例

例程：TimeApplication. c

- 搭建 LED 的测试电路（具体请参照项目二内容）
- 接通教学板的电源
- 输入、保存并运行程序 Time_Application. c
- 验证与 P1_0 连接的 LED 是否每隔 0.4 ms 闪烁一次

```c
#include <AT89X52. h>
#include <stdio. h>

void initial(void); //子函数声明
void main(void)
{
    initial(); //调用定时/计数器初始化函数
    while(1); //等待中断
}
/* ============================================
初始化定时/计数器函数
============================================ */
void initial(void)
{
    IE = 0x82; //开总中断 EA,允许定时器 0 中断 ET0
    TCON = 0x00; //停止定时器,清除标志
    TMOD = 0x02; //工作在定时器 0 的模式 2 中
    TH0 = 0x38; //设置重载值
    TL0 = 0x38; //设置定时器初值
    TR0 = 1; //启动定时器 0
```

```
}
//中断服务程序
void TIMER(void) interrupt 1   //中断服务程序,1是定时器0的中断号
{
    P1_0 = ~ P1_0;   //P1_0 的值取反
}
```

程序开头,可以看到两个头文件——AT89X52. h 和 stdio. h,打开这两个头文件(AT89X52. h 在"C:\Program Files\Keil\C51\INC\Atmel"目录下,stdio. h 在"C:\Program Files\Keil\C51\INC"目录下)可以看到:在 AT89X52. h 中对一些标识符进行了声明,如 P1_0,IE,TCON 等;而 stdio. h 对常用的一些 I/O 函数进行了声明,如 printf( )等。

之前的程序并没有这两个头文件,仔细研究前文程序中用到的头文件 uart. h,可以看到,这两个头文件已经包括在程序中,所以就没必要重新加入了。

在 C 语言程序中,一个函数的定义可以放在任意位置,既可放在主函数 main 之前,也可放在 main 之后;如果放在 main 之后,应该在 main 函数的前面加上这个函数的声明:

```
void initial(void); //子函数声明
```

主函数 main( )很好理解:首先对中断进行初始化设置,然后等待中断:

```
initial();
while(1);
```

EA = 1 且 ET0 = 1,打开了全局中断和定时器 0 的中断(参考表6-4):

```
IE = 0x82;
```

定时器停止,并清除了中断标志(参考表6-1):

```
TCON = 0x00;
```

M1 = 0 且 M0 = 0,定时器 0 选择模式 2(参考表6-2):

```
TMOD = 0x02;
```

设置计数初值和重载值:

```
TH0 = 0x38;
TL0 = 0x38;
```

启动定时器 0(参考表6-1):

```
TR0 = 1;
```

（1）中断

中断即当发生某种情况（事件）时，CPU 暂时中止当前程序的执行，转去执行相应的处理程序。中断在单片机应用的设计与实现中起着非常重要的作用。使用中断允许系统响应事件并在执行其他程序的过程中处理该事件。中断驱使系统能够在同一时间处理多个任务。在某种程度上，中断与子程序有些相似：CPU 执行另一个程序——子程序——返回主程序。

单片机 AT89S52 有 5 个中断源：2 个外部中断源，2 个定时器中断，1 个串口中断。

每个中断源可以单独允许或禁止，通过修改可以位寻址的专用寄存器 IE（允许中断寄存器）实现，见表 6-4。

表 6-4　IE（中断使能）寄存器简表

位	符　号	描述（1 = 使能，0 = 禁止）
IE. 7	EA	全局允许/禁止
IE. 6		未定义
IE. 5	ET2	允许定时器 2 中断
IE. 4	ES	允许串口中断
IE. 3	ET1	允许定时器 1 中断
IE. 2	EX1	允许外部中断 1
IE. 1	ET0	允许定时器 0 中断
IE. 0	EX0	允许外部中断 0

（2）中断优先级

AT89S52 的中断分为两级：高优先级和低优先级。利用"优先级"的概念，允许拥有高优先级的中断源中断系统正在处理的低优先级的中断源。

中断的优先级由高到低依次为：外部中断 0，定时器 0，外部中断 1，定时器 1，串口中断，定时器 2 中断。

编译器 Keil μVision2 支持在 C 源程序中直接开发中断程序，提高了工作效率。中断服务程序是按规定语法格式定义的一个函数，语法格式如下：

```
返回值 函数名（[参数]）interrupt m[using n]
{
    ……
}
```

其中，m（0～31）表示中断号，C51 编译器允许 32 个中断，定时器 0 的中断号为 1；n（0～3）表示第 n 组寄存器，例程没有使用该参数，默认为寄存器组 0。

小知识

寄存器组 n 的使用

单片机 AT89S52 有 4 个寄存器组,每个寄存器组由 8 个字节组成。默认情况下(系统复位后),程序使用第一个寄存器组 0。

使用"寄存器组"的概念可以使软件的不同部分各拥有一组私有的寄存器,而不受其他部分的影响,可以实现快速、高效地"上下文切换"。

由于 LED 灯的闪烁频率过快,而人的视觉反应却不够快,因此观察到的 LED 灯是一直亮着的。这时可以借助示波器观察 P1_0 输出的是否是矩形波,周期是否是 400 μs。

3. 试一试——调整定时器时间

为了能够看见 LED 灯闪烁,可以使用定时器模式 0,在此方式下最大延时时间为 8 ms(2^{13} = 8 192)。对比项目二的 LED 程序,分析它们的不同之处。运用示波器观察使用定时器方式是否可以产生更精确的时间。

若效果还不明显,可设计一个循环,如当检测到 2 500 次中断后更改一次 I/O 口的电平,即将闪烁时间改为 2 500 × 0.4 ms = 1 s,有利于肉眼观察。

任务二 测试扫描频率

1. 红外线探测器频率探测

图 6-1 显示的是教材所使用的红外线探测器频率与灵敏度关系数据图。这个图显示了红外线探测器在接收到频率不同于 38.5 kHz 的红外线信号时,其敏感程度随频率变化的曲线。例如,当红外 LED 发送频率为 40 kHz 的信号给探测器时,它的灵敏度是频率为 38.5 kHz 的 80%;当发送频率为 42 kHz,探测器的灵敏度是频率为 38.5 kHz 的 50% 左右。对于灵敏度很低的频率,为了让探测器探测到反射的红外线,物体必须离探测器更近。即高灵敏度的频率可以探测远距离的物体,低灵敏度的频率可以探测距离较近的物体。这使得距离探测变得简单了。

选择 5 个不同频率,从最低灵敏度到最高灵敏

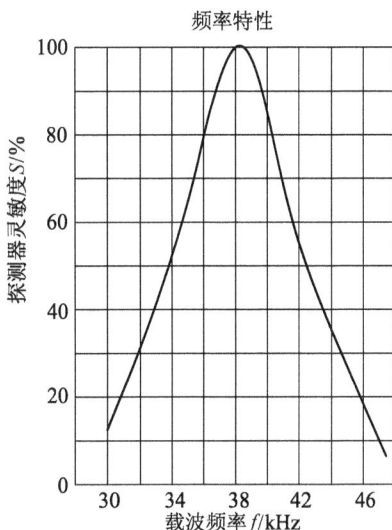

图 6-1 灵敏度与频率关系图

度进行测试,根据探测器不能再检测到物体的红外线频率,就可以推断物体的大概位置。

2. 对频率扫描进行编程做距离探测

图 6-2 举例说明机器人用红外发射频率测试距离的方法。在这个例子中,目标物体在区域 3。即发送频率为 35.7 kHz 和 38.46 kHz 时能发现物体,发送频率为 29.37 kHz,31.23 kHz 及 33.05 kHz 时就不能发现物体。如果移动物体到区域 2,则发送频率为 33.05 kHz,5.7 kHz 及 38.46 kHz 时可以发现物体,而发送频率为 29.37 kHz 和 31.23 kHz 时则不能发现物体。

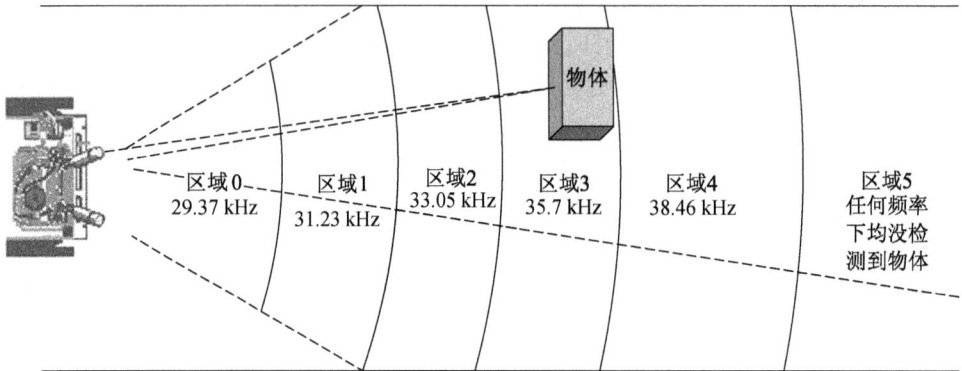

图 6-2　频率和探测区域

例程:**TestLeftFrequencySweep. c**

例程要做两件事情:首先,测试 IR LED/探测器(分别与 P1_3 和 P1_2 连接),以确认它们的距离探测功能正常;然后完成如图 6-2 所示的频率扫描。

- 输入、保存并运行程序 TestLeftFrequencySweep. c
- 用一张纸或卡片面对 IR LED/探测器做距离探测
- 改变纸片与机器人距离,记录使 distanceLeft 变化的位置

```c
#include < BoeBot. h >
#include < uart. h >

#define LeftIR        P1_2//左边红外接收连接到 P1_2
#define LeftLaunch    P1_3//左边红外发射连接到 P1_3
unsigned int time;//定时时间值
int leftdistance;//左边的距离
int distanceLeft, irDetectLeft;
unsigned int frequency[5] = {29370,31230,33050,35700,38460};
void timer_init(void)
{
    IE = 0x82;//开总中断 EA,允许定时器 0 中断 ET0
    TMOD |= 0x01;//定时器 0 工作在模式 1,即 16 位定时器模式
```

```
}
void FreqOut(unsigned int Freq)
{
    time = 256 - (500000/Freq);//根据频率计算初值
    TH0 =0xFF;//高 8 位设值为 FF
    TL0 = time;//低 8 位根据公式计算
    TR0 = 1;//启动定时器
    delay_nus(800);//延时
    TR0 = 0;//停止定时器
}
void Timer0_Interrupt(void) interrupt 1//定时器中断
{
    LeftLaunch = ~ LeftLaunch;//取反
    TH0 = 0xFF;//重新设值
    TL0 = time;
}
void Get_lr_Distances()
{
    unsigned int count;
    leftdistance = 0;//初始化左边的距离
    for(count = 0;count <5;count ++)
    {
        FreqOut(frequency[count]);//发射频率
        irDetectLeft = LeftIR;
        printf("irDetectLeft = % d",irDetectLeft);
        if(irDetectLeft == 1)
            leftdistance ++;
    }
}
int main(void)
{
    uart_Init();
    timer_init();
    printf("Progam Running! \n");
    printf("FREQENCY ETECTED\n");
    while(1)
    {
```

```
        Get_lr_Distances( ) ;
        printf("distanceLeft = % d\n",leftdistance) ;
        printf(" - - - - - - - - - - - - - - - \n") ;
        delay_nms(1000) ;
    }
}
```

在项目三任务四中,用字符型数组存储机器人的运动,这里则是用整数型数组存储 5 个频率值:unsigned int frequency[5] = {29370,31230,33050,35700,38460} ;uart_Init( )用于串口的初始化。timer_init( )用于定时器的初始化:此例程使定时器 0 工作在模式 1,即 16 位定时模式,不具备自动重载功能。注意,timer_init( ) 并没有开启定时器。Get_lr_Distances( )用于获得红外探测距离的函数。

机器人要发射某一频率,该给定时器设定多大的值呢?

频率为 f 时,周期 T = 1/f,高低电平持续时间为 t = 1/(2T),根据公式 TC = 2^n - CC 可计算定时器初值 time:

$$\text{time} = 2^{16} - \frac{t}{1 \times 10^{-6}} = 65\,536 - \frac{500\,000}{f}$$

但实际上,time 值并未占满低 8 位,所以可简化计算:高 8 位设 0xFF,低 8 位根据 $n = 8$ 时计算,即函数 FreqOut(frequency[count]) 中采用 time = 256 - (500 000/Freq) 来计算。当低 8 位计满后,整个寄存器将溢出。

根据如图 6-2 所示的描述原理,如果检测结果 irDetectLeft 为 1,即没有发现物体,则距离 leftdistance 加 1。循环扫描,当 5 个频率扫描完后,可根据 leftdistance 的值来判断物体离机器人的大致距离。

运行程序时,在机器人前端放一白纸,前后移动白纸,调试终端将会显示白纸所在的区域,如图 6-3 所示。

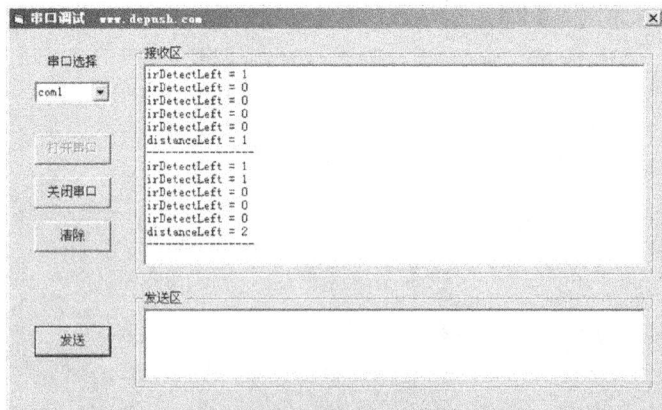

图6-3　距离探测输出实例

程序通过计算"1"出现的数量,确定目标所在区域。

虽然这种距离测量方法是相对的而非绝对的精确,但它为机器人跟随、跟踪和其他行为提供了一个足够好的探测距离的方法。

3. 试一试

(1)测试右边的 IR LED/探测器

① 修改程序 TestLeftFrequencySweep.c,对右边的 IR LED/探测器做距离探测测试;

② 运行该程序,检验这对 IR LED/探测器能否测量同样的距离。

(2)测试两边的 IR LED/探测器

例程:DisplayBothDistances.c

● 修改程序 TestLeftFrequencySweep.c,添加右边 IR LED/探测器部分

● 输入、保存并运行程序 DisplayBothDistances.c

● 用纸片重复对每个 IR LED 进行距离探测,然后对两个 IR LED 同时进行测试

(3)更多的距离测试

尝试测量不同物体的距离,弄清物体的颜色和材质是否会造成距离测量的差异。

任务三 尾随小车

一个机器人跟随另一个机器人行走,则跟随的机器人称为尾随车。尾随车要正常工作必须能够判断出距离引导车的远近:如果落后过多,尾随车必须能"察觉"并加速;如果距离引导车太近,尾随车也要能"察觉"并减速;如果当前距离正好合适,尾随车会等待直到测量距离变远或变近。

距离仅仅是由机器人和其他自动化机器需要控制的一种数值之一。当一个机器被设计用来自动维持某一数值,如距离、压力或液位等,它一般都包含一个控制系统。这个控制系统由传感器和阀门组成的,或者由传感器和电机组成。对于机器人,该控制系统则是由传感器和连续旋转电机组成的,还必须有可以接收传感器的测量结果并把它们转化为机械运动的某些处理器。同时对基于传感器的输入,还必须有处理器编程,从而控制机械输出。

闭环控制是一种常用的维持控制目标数据的方法,它能很好地帮助机器人保持与一个物体之间的距离。闭环控制算法类型多种多样,最常用的有滞后、比例、积分及微分控制。

图6-4 所示的方框图描述了机器人用到的比例控制过程,即机器人用右边的 IR LED/探测器探测距离并用右边的伺服电机调节机器人之间的位置,以维持适当的距离。

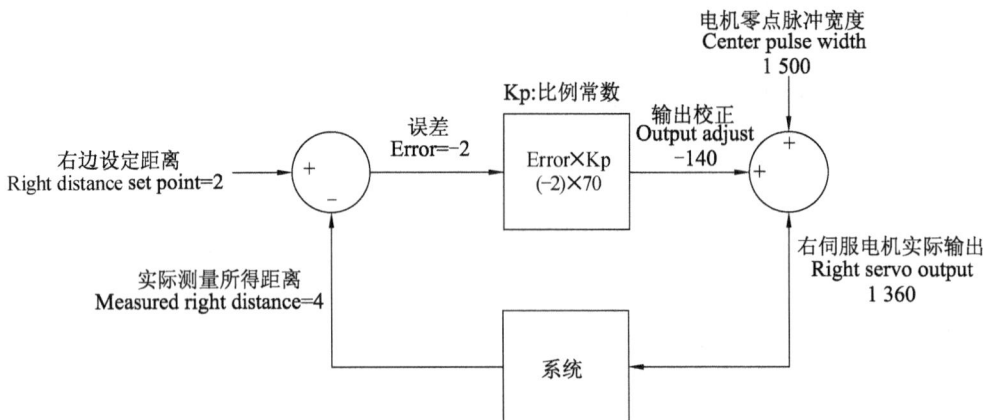

图 6-4　右伺服电机及 IR LED/探测器的比例控制方框图

仔细观察图 6-4,学习比例控制的控制原理。这个特殊的例子是右边的 IR LED/探测器和右边的伺服电机的比例控制方框图。设定距离为 2,说明机器人维持它和任何它探测到的物体之间的距离是 2。实际测量的距离为 4,与设定距离相差较大。误差是设定值减去测量值的差,即 2 − 4 = −2,这在圆圈的右方以符号的形式指出,这个圆圈叫求和点。接着,误差传入一个操作框。这个操作框的作用是将误差乘以一个比例常数 Kp,Kp 的值为 70。该操作框的输出显示为 − 2 × 70 = − 140,即输出校正。这个输出校正结果输入另一个求和点,与电机的零点脉冲宽度 1 500 相加,得到的结果是 1 360,这个脉宽可以使电机大约以 3/4 全速顺时针旋转,即机器人右轮向前,朝着物体的方向旋转。

第二次经过闭环,测量距离可能发生变化,但是不管测量距离如何变化,这个控制环路都将会计算出一个数值,使电机旋转来纠正误差。校正值与误差总是成比例关系,该误差就是设定距离和测量距离的关系的偏差。

控制环都有一组方程来主导系统行为,图 6-4 就是该组方程的可视化描述方法。下面是从方框图中归纳出来的方程关系及结果:

$$
\begin{aligned}
\text{Error} &= \text{Right distance set point} - \text{Measured right distance} \\
&= 2 - 4 \\
&= -2 \\
\text{Output adjus} &= \text{Error} \times \text{Kp} \\
&= -2 \times 70 \\
&= -140 \\
\text{Right servo output} &= \text{Output adjust} + \text{Center pulse width} \\
&= -140 + 1\,500 \\
&= 1\,360
\end{aligned}
$$

通过一些置换,上面 3 个等式可被简化为 1 个,仍然会得出相同的结果:

Right servo output = (Right distance set point – Measured right distance) × Kp + Center pulse width

$$= ((2-4) \times 70) + 1\ 500$$
$$= 1\ 360$$

左边的 IR LED/探测器及左边的伺服电机的控制框图如图 6-5 所示,与右边的运算法则类似,不同的是比例系数 Kp 的值由 + 70 变为 – 70。假设与右边的测量值一样,输出修正的脉冲宽度应该为 1 640。

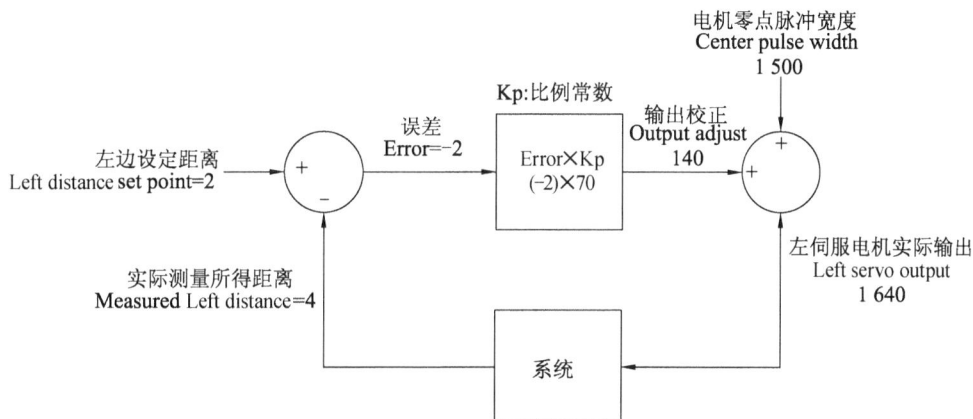

图 6-5 左伺服电机及 IR LED/探测器的比例控制方框图

下面是该框图的计算等式:

Left servo output = (Left distance set point – Measured left distance) × Kp + Center pulse width

$$= [(2-4) \times (-70)] + 1\ 500$$
$$= 1\ 640$$

这个控制环的值使电机大约以 3/4 全速逆时针旋转,对机器人的左轮来讲是一个向前旋转的脉宽。反馈指的是系统的输出被尾随车重新采样做另一个距离探测。控制环一次又一次的重复运行,大概每秒 40 次。

2. 对尾随车编程

下面举例说明如何用 C 语言求解上面的方程。右边距离设置为 2,测量距离由变量 distanceRight 存储,Kp 为 70,零点脉冲宽度为 1 500:

$$pulseRight = (2 - distanceRight) \times 70 + 1\ 500$$

左伺服电机的比例系数 Kp 为 – 70:

$$pulseLeft = (2 - distanceLeft) \times (-70) + 1\ 500$$

因为数值 – 70,70,2 和 1 500 全都有命名,因此可以对这些常数声明如下:

```
#define Kpl   - 70
#define Kpr 70
#define SetPoint 2
#define CenterPulse 1500
```

由于程序中有这些常数声明,可以用 Kpl 代替 - 70, Kpr 代替 70, SetPoint 代替 2, CenterPulse 代替 1 500。在常量声明之后,比例控制计算式为:

$$pulseLeft = (SetPoint - distanceLeft) \ast Kpl + CenterPulse$$
$$pulseRight = (SetPoint - distanceRight) \ast Kpr + CenterPulse$$

声明常量很大的便利在于,只需在程序的开始部分对常量做一次改变,就会反映到所有用到该常量的地方。例如把#define Kpl - 70 中的 - 70 改为 - 80,那么程序中所有 Kpl 的值都会由 - 70 更改为 - 80。对于左、右比例控制系统的试验来讲,这是非常有用的。

例程:FollowingRobot. c

该例程实现刚才讨论过的各个伺服脉冲比例控制。换句话说,在每个脉冲发送之前,需要测量距离,决定误差信号,然后将误差值乘以比例系数 Kp,再将结果加上(或减去)发送到左(或右)伺服电机的脉冲宽度值。

● 输入、保存并运行程序 FollowingRobot. c

● 把大小为 21.59 cm×27.94 cm 的纸片置于机器人的前面,模拟障碍物墙;观察机器人是否能维持它和纸片之间的距离为预定的距离

● 尝试轻轻旋转纸片,观察机器人是否会跟随旋转

● 尝试用纸片引导机器人四处运动,观察机器人是否跟随它

● 移动纸片距离机器人特别近时,观察机器人是否会后退并且远离纸片

```
#include  < BoeBot. h >
#include  < uart. h >


#define LeftIR      P1_2//左边红外接收连接到 P1_2

#define RightIR     P3_5//右边红外接收连接到 P3_5

#define LeftLaunch  P1_3//左边红外发射连接到 P1_3

#define RightLaunch P3_6//右边红外发射连接到 P3_6


#define Kpl   - 70
#define Kpr 70
#define SetPoint 2
#define CenterPulse 1500
```

```
unsigned int time;
int leftdistance, rightdistance; //左边和右边的距离
int delayCount, distanceLeft, distanceRight, irDetectLeft, irDetectRight;
unsigned int frequency[5] = {29370,31230,33050,35700,38460};

void timer_init(void)
{
    IE = 0x82; //开总中断 EA,允许定时器 0 中断 ET0
    TMOD |= 0x01; //定时器 0 工作在模式 1:16 位定时器模式
}

void FreqOut(unsigned int Freq)
{
    time = 256 - (50000/Freq);
    TH0 = 0xFF;
    TL0 = time;
    TR0 = 1;
    delay_nus(800);
    TR0 = 0;
}

void Timer0_Interrupt(void) interrupt 1
{
    LeftLaunch = ~ LeftLaunch;
    RightLaunch = ~ RightLaunch;
    TH0 = 0xFF;
    TL0 = time;
}

void Get_lr_Distances()
{
    unsigned char count;
    leftdistance = 0; //初始化左边的距离
    rightdistance = 0; //初始化右边的距离
    for(count = 0; count < 5; count ++)
    {
        FreqOut(frequency[count]);
```

```
        irDetectRight = RightIR;
        irDetectLeft = LeftIR;
        if (irDetectLeft == 1)
          leftdistance ++ ;
        if (irDetectRight == 1)
          rightdistance ++ ;
      }
  }

void Send_Pulse(unsigned int pulseLeft, unsigned int pulseRight)
  {
      P1_1 = 1;
      delay_nus(pulseLeft);
      P1_1 = 0;

      P1_0 = 1;
      delay_nus(pulseRight);
      P1_0 = 0;

      delay_nms(18);
  }
int main(void)
  {
      unsigned int pulseLeft, pulseRight;
      uart_Init();
      timer_init();
      while(1)
      {
        Get_lr_Distances();
        pulseLeft = (SetPoint − leftdistance) * Kpl + CenterPulse;
        pulseRight = (SetPoint − rightdistance) * Kpr + CenterPulse;
        Send_Pulse(pulseLeft, pulseRight);
      }
  }
```

　　主程序做的第一件事是调用 Get_lr_Distances 子函数。Get_lr_Distances 函数运行完成之后,变量 leftdistance 和 rightdistance 分别包含一个与区域相对应的数值,该区域里的目标可以被左、右红外线探测器探测到。

随后的两行代码是对每个电机执行比例控制计算：

$$pulseLeft = (SetPoint - leftdistance) * Kpl + CenterPulse$$
$$pulseRight = (SetPoint - rightdistance) * Kpr + CenterPulse$$

最后调用子函数 Send_Pulse 对电机的速度进行调节。

因为要做的是尾随实验，串口线的连接影响机器人的运动，故应去掉。

3. 试一试

图 6-6 所示是引导车和尾随车。引导车运行的程序是 FastIrRoaming. c 修改后的版本，尾随车运行的程序是 FollowingRobot. c。比例控制让尾随车成为引导车忠实的追随者。一辆引导车可以引导一串大概六七辆的尾随车，只需要把引导车的侧面板和后挡板加到其他的尾随车上即可。

（1）尾随车跟随引导车的行为实现

① 如果还有其他的机器人，可以把纸板安装在导引车的两侧和尾部，参考图 6-6；

图 6-6 引导机器人和尾随机器人

② 如果只有一个机器人，可以让尾随车跟随一张纸或手来运动，就和跟随导引车一样；

③ 用阻值为 1 kΩ 或 2 kΩ 的电阻替换掉连接机器人红外线发光二极管的 470 Ω 电阻；

④ 使用程序 FastIrRoaming. c 修改后的版本对机器人编程来做避障试验，打开程序 FastIrRoaming. c，重命名为 SlowerIrRoamingForLeadRobot. c；

⑤ 对程序 SlowerIrRoamingForLeadRobot. c 做相应修改，即把 1 300 改为 1 420，把 1 700 改为 1 580；

⑥ 尾随车运行程序 FollowingRobot. c，不用做任何修改；

⑦ 把尾随车放在引导车的后面，机器人各自运行自己的程序。尾随车应该跟随一个固定的距离，只要它不被其他的诸如手或附近墙壁等引开。

（2）改变尾随车的行为

可以通过调整 SetPoint 和比例常数来改变尾随车的行为。用手或一张纸片来引导尾随车，做下面练习：

① 尝试用 30～100 内的常量 Kpr 和 Kpl 来运行程序 FollowingRobot. c，观察机器人在跟随目标运动时的响应有何差异；

② 尝试调节常量 SetPoint 的值，范围 0～4。

任务四   跟踪条纹带

图 6-7 是搭建的一个路径并编程使机器人跟踪它运动的例子。路径中每个条纹带是由 3 条 6 mm 的聚乙烯绝缘带边对边并行放置在白色招贴板上组成的，绝缘带条纹之间不能露出白色板。

1. 搭建路径和测试条纹带

（1）搭建路径

为了成功跟踪该路径，测试和调节机器人是必要的。

需要的材料：

① 一张招贴板——大概尺寸：56 cm×71 cm

② 宽 6 mm 黑色聚乙烯绝缘带一卷

参考图 6-7，用白色招贴板和绝缘带搭建运行路径。

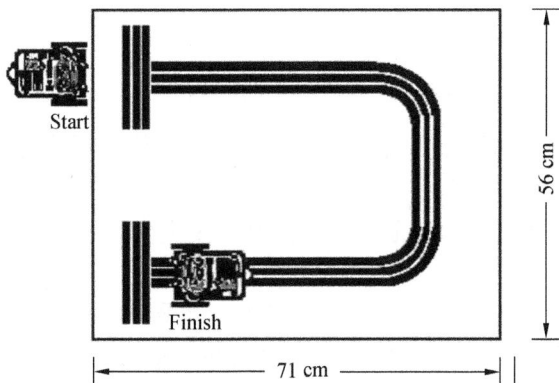

图 6-7   条纹带跟踪

（2）测试条纹带

① 调节 IR LED/探测器的位置向下和向外，如图 6-8 所示。

② 确保绝缘带路径不受荧光灯干扰。

③ 用 1 kΩ 电阻代替与 IR LED 串联的 470 Ω 电阻，使机器人更加"近视"。

④ 机器人与串口电缆相连，以便能看到显示的距离，运行程序 DisplayBothDistances. c。

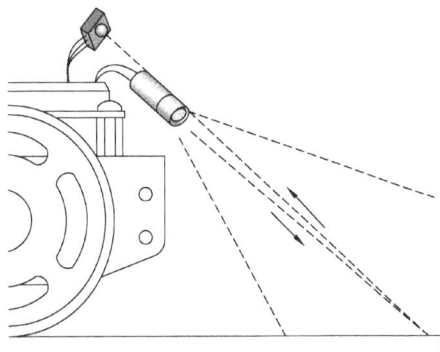

图 6-8 红外探测器朝下扫描条纹带

⑤ 如图 6-9 所示,把机器人放在白色招贴板上。

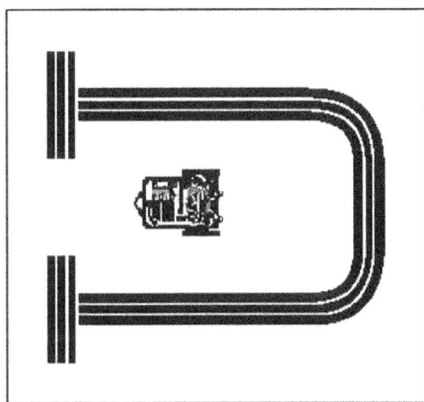

图 6-9 低区域测试顶视图

⑥ 验证区域读数是否表示被探测的物体在很近的区域,其中两个传感器读数显示都是 1 或 0。

⑦ 放置机器人,使两个 IR LED/检测器都直接指向 3 条绝缘带的中心,如图 6-10 和 6-11 所示,然后调整机器人的位置(靠近或远离绝缘带),直到两个区域的值都达到 4 或 5,这表明要么发现一个很远的物体,要么没有发现物体。

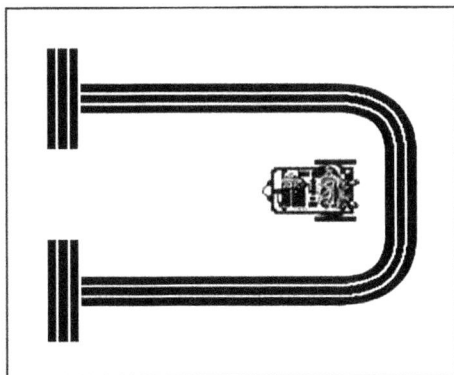

图 6-10 高区域测试顶视图

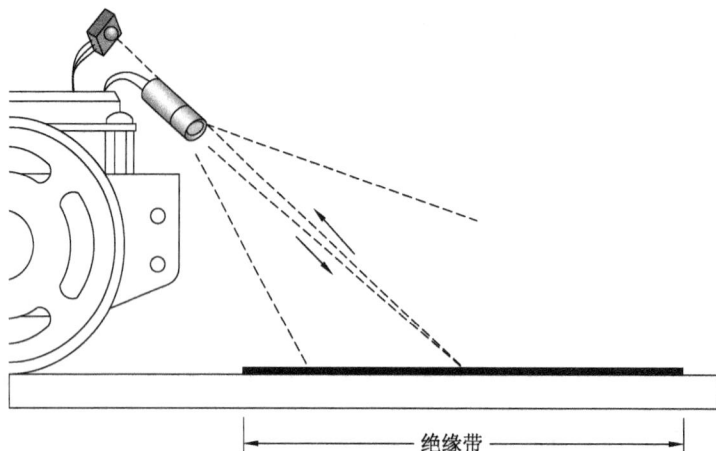

图 6-11　高区域测试(侧视图)

⑧ 如果在绝缘带路径上很难获得比较高的读数值,参考"绝缘带路径排错"部分。

(3) 绝缘带路径排错

如果 IR LED/探测器指向绝缘带路径中心时不能获得比较高的读数值,可以改用 4 条绝缘带替换原来的 3 条绝缘带搭建路径。如果区域读数仍然低,确认是否用 1 kΩ 电阻串联在 IR LED 上,还可以使用 2 kΩ 电阻使机器人更加"近视"。如果都不行,可以试试不同的绝缘带或者调整 IR LED/探测器,使它们指向更靠近或更远离机器人的前部。

如果读白色表面时低区域测试有问题,试试将 IR LED/探测器朝机器人的方向再向下调整,但是要注意不要让底盘带来干扰,或者也可以试用更低阻值的电阻。

如果用老的缩小包装的 IR LED/探测器代替带套筒的 IR LED/探测器,当 IR LED/探测器聚焦在白色背景上时所得到的一个低区域的值可能是有问题的。此时 IR LED 可能需要串联 220 Ω 电阻,并且确保 IR LED 的引脚没有相互接触。

⑨ 将机器人放在绝缘带路径上,使它的轮子正好跨在黑色线上。IR 探测器应该稍稍向外,如图 6-12 所示。验证两个距离读数是否又是 0 或者 1。如果读数较高,意味着 IR 探测器需要再稍微朝远离绝缘带边缘的方向向外调整一下。

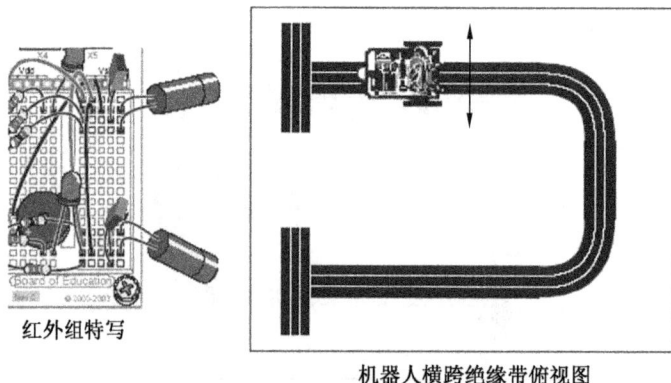

红外组特写

机器人横跨绝缘带俯视图

图 6-12　IR 检测器朝向放大图

⑩ 调整 IR LED/探测器直到机器人通过这个最后的测试,然后就可以试验下面的例程使机器人沿着条纹带行走。

当机器人沿图 6-12 中双箭头所示的任何一个方向移动时,两个 IR 中的一个会指向绝缘带上,这个指向绝缘带上的 IR 的读数应该增加到 4 或 5。如果将机器人向左移动,右边检测器的值会增加;如果将机器人向右移动,左边检测器的值会增加。

2. 编程跟踪条纹带

只需对程序 FollowingRobot. c 做一点小小的调整,就可以使机器人跟踪条纹带行走。

首先,机器人应当向目标靠近,以使到目标的距离比 SetPoint 小;或远离目标,以使距离比 SetPoint 大,这同程序 FollowingRobot. c 的表现相反。当机器人离物体的距离不在 SetPoint 的范围内时,使机器人向相反的方向运动,此时只需简单地更改 Kpl 和 Kpr 的符号,也就是将 Kpl 由 -70 改为 70,Kpr 由 70 改为 -70。通过试验,观察 SetPoint 从 2 到 4 时,哪个值使系统工作稳定。以下例程将 SetPoint 值改为 3。

例程:StripeFollowingRobot. c

- 打开程序 FollowingRobot. c 另存为 StripeFollowingRobot. c
- 将 SetPoint 的值由 2 改为 3
- 将 Kpl 由 -70 改为 70
- 将 Kpr 由 70 改为 -70
- 运行程序
- 将机器人放在如图 6-7 所示的"Start"位置,机器人将静止。如果把手放在 IR 组前面,它会向前移动。当它走过了"Start"的条纹带时,把手移开,它会沿着条纹带行走。当它"看到""Finish"条纹带时,应该停止不动
- 假定从绝缘带获得的距离读数为 5,从白色招贴板获得的读数为 0,SetPoint 的常量值为 2,3 及 4 时都可以正常工作。尝试不同的 SetPoint 值,注意机器人在条纹带上运行时的性能

3. 试一试——沿着条纹带行走比赛

倘若机器人能忠实地在"Start"和"Finish"条纹带处等待,则可以把这个试验转化为比赛,费时最少者获胜,也可以搭建其他的路径。为了实现最好的性能,可以用不同的 SetPoint,Kpl 和 Kpr 值做试验。

思考题

1. 请查找 C51 单片机定时/计数器的其他操作。
2. 除了本项目用到的一维整型数组外,还有哪些类型数组?
3. 数组除了初始化赋值外,还有哪些赋值方法?

项目七

机器人中 UART 的应用

7

技能要求

1. 了解 51 单片机串口的概念和使用。
2. 了解波特率的概念及计算。
3. 了解单片机的存储器结构。
4. 了解串口的工作流程。

1. 串口概述

在前面的项目中,经常需要在调试终端上显示数据,这些数据就是由机器人的大脑——单片机 AT89S52 通过串口向电脑传送的。

串口通信 UART(Universal Asynchronous Receiver/Transmitter,通用异步收/发器)是一种能够把二进制数据按位(bit)传送的通信方式。单片机 AT89S52 拥有 1 个串行通信接口,该串口可在很宽频率范围内以多种模式工作,其主要功能如下:在输出数据时,对数据进行并–串转换,即单片机将 8 位并行数据送到串口输出;在输入数据时,对数据进行串–并转换,即从串口读入外部串行数据并将其转换为 8 位并行数据送到单片机。

项目二的图 2-1 展示了 AT89S52 的各个引脚,大部分端口都有第 2 功能,串口就用到了端口的第 2 功能。端口 P3_0(RXD,第 10 号引脚)用来串口接收,端口 P3_1(TXD,第 11 号引脚)用来串口发送。

AT89S52 串口支持全双工模式(同时收发),并具有接收缓冲功能,即在接收第 2 个字符时,将先前接收到的第 1 个字符保存在缓冲区中,只要 CPU 在第 2 个字符接收完成之前读取了第 1 个字符,数据就不会丢失。

AT89S52 提供了两个特殊功能寄存器:SBUF 和 SCON,供软件访问和控制串口。

串口缓冲寄存器 SBUF 实际上是两个寄存器。写 SBUF 的操作把待发送的数据送入,读 SBUF 的操作把接收到的数据取出。两个操作分别对应于两个不同的寄存器,如图 7-1 所示。

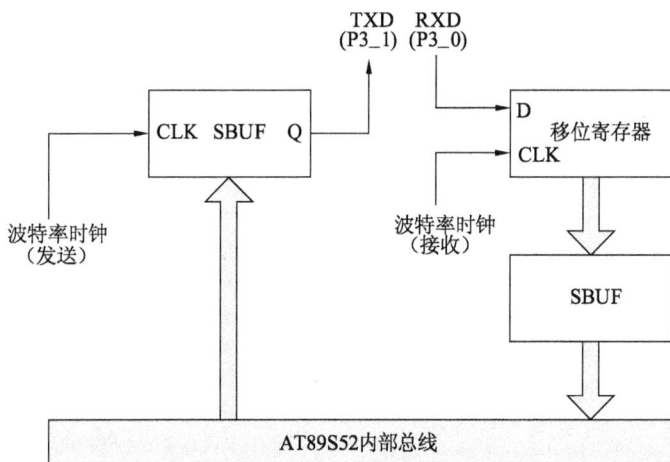

图 7-1　AT89S52 串口结构简图

串口控制寄存器 SCON 包含串口的状态位和控制位,可进行位操作。控制位决定串口的工作模式,状态位代表数据发送和接收结束后的状态。可用软件来查询状态位,也可编程使其触发中断。

串口的工作频率,即波特率,可以是固定的,也可以是变化的。如果使用可变的波特率,波特率的时钟信号由定时器 1 提供,而且必须对其做相应的编程。

2. 串口控制寄存器 SCON

AT89S52 串口的工作模式是通过设置串口控制寄存器 SCON 来选择的。表 7-1 为 SCON 寄存器简表,表 7-2 为串口工作模式选择。

表 7-1　SCON 寄存器简表

位	符号	描述
SCON. 7	SM0	串口模式位 0(见表 7-2)
SCON. 6	SM1	串口模式位 1(见表 7-2)
SCON. 5	SM2	串口模式位 2。允许在模式 2 和模式 3 下进行多机通信;如果接收到的第 9 位数据为 0,则 RI(接收中断标志)不会被置 1
SCON. 4	REN	接收使能位。必须置 REN 为 1 才能接收数据
SCON. 3	TB8	发送数据的第 9 位。在模式 2 和模式 3 下,此位存放发送数据的第 9 位,利用软件置位或清除
SCON. 2	RB8	接收数据的第 9 位
SCON. 1	TI	发送中断标志。字符发送结束时被置 1,由软件清除
SCON. 0	RI	接收中断标志。字符接收结束时被置 1,由软件清除

表 7-2　串口工作模式选择

SM0	SM1	模式	描述	波特率
0	0	0	移位寄存器	1/12 fosc
0	1	1	8 位 UART	可变(由定时器 1 决定)
1	0	2	9 位 UART	1/64(1/32) fosc
1	1	3	9 位 UART	可变(由定时器 1 决定)

(1) 波特率的概念

这是一个衡量通信速度的参数,表示每秒钟传送 bit 的个数。例如波特率 9 600 表示每秒钟发送 9 600 个 bit。

(2) 波特率的计算

在模式 0 下,波特率是固定的,它的值为单片机的晶振频率(fosc)的 1/12。

在模式 2 下,SMOD = 0 时,波特率为 1/64 fosc;SMOD = 1 时,波特率为 1/32 fosc。其中,SMOD 是电源控制寄存器 PCON 的第 7 位——波特率倍增位。

在模式 1 和模式 3 下,波特率按如下公式计算:

$$波特率 = (2^{SMOD}/32) \cdot (f_{OSC}/12) \cdot [1/(2^K - 初值)]$$

在模式 1 下,K = 8;在模式 3 下,K = 9。初值的计算见项目六定时/计数器初值计算法。

本项目使用的是模式 1 下的 8 位 UART 串口通信机制。

3．RS232 电平与 TTL 电平转换

在数字电路中,只存在"1"和"0"两种逻辑状态,也就是"高电平"和"低电平"。那么,多高的电压为高,多低的电压为低呢? 对此人们制定许多的电平标准,这里主要介绍的是 TTL 和 RS232 这两种标准。

TTL(Tansistor – Transistor Logic),是指三极管 – 三极管逻辑电路。很多单片机,包括本教材所使用的 AT89S52 都是用的这种标准。它的逻辑"1"电平是 5 V,逻辑"0"电平是 0 V。

RS232 标准是 1969 年由美国电子工业协会(EIA)联合贝尔系统、调制解调器厂家及计算机终端生产厂家共同制定的用于串行通讯的标准。RS232 的全称是 EIA–RS–232C,其中 EIA(Electronic Industry Association)代表美国电子工业协会;RS(Recommend Standard)代表推荐标准;232 是标识号;C 代表 RS232 的最新一次修改(1969 年),在这之前有 RS232B, RS232A。它的逻辑"1"电平是 – 5 V ~ – 15 V,逻辑"0"电平是 + 5 V ~ + 15 V。

为了使单片机与 PC 机能相互通信,必须让这两种电平相互转换,如图 7-2 所示。

图 7-2　PC 机与单片机电平转换示意

图中的电平转换电路部分可采用机器人教学板所使用的电路,或者专用转换芯片(如 MAX232)。但不论采用哪种方式,要完成的工作是一致的:PC 机的 RS232 电平进入单片机之前要转换成 TTL 电平;单片机的 TTL 电平进入 PC 机之前要转换成 RS232 电平。

串口总共由 9 个信号口组成,但要完成信号的收、发,只需用 RXD,TXD 和 GND 即可。连接时需要注意:PC 机的接收端(RXD)与单片机的发送端(TXD)相连;PC 机的发送端(TXD)与单片机的接收端(RXD)相连;两者的地端(GND)相连。

任务一　编写串口通信程序

1．程序编写

本例程是在模式 1 方式下进行通信的,可设计成一个 uart.h 的头文件,以便机器人可以方便地调用前面项目中的程序。串口通讯程序要和串口调试窗口(见图 7-3)配合使用。

值得注意的是,串口调试窗口的设置,如"串口选择""打开串口"等,是针对 PC 机串口而言的,并不是对单片机串口的设置。

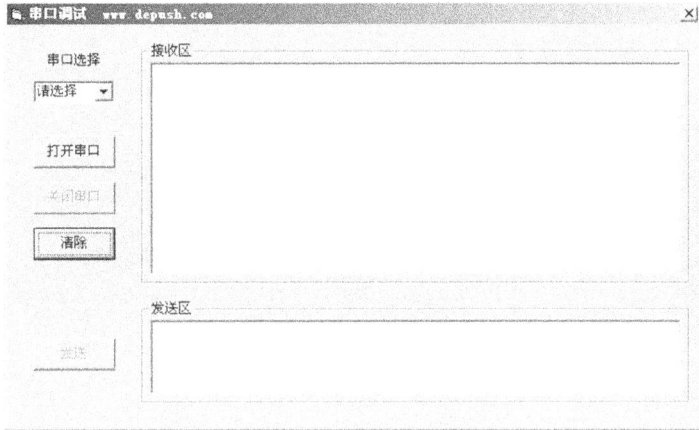

图 7-3 串口调试界面

例程:uart. h

● 确保 RS232 接口连接好
● 输入、保存及运行程序 uart. h

```
#include  < AT89X52. h >
#include  < stdio. h >
#define XTAL 11059200
#define baudrate 9600

#define OLEN 8//串行发送缓冲区大小
unsigned char ostart; //发送缓冲区起始索引
unsigned char oend; //发送缓冲区结束索引
char idata outbuf[OLEN]; //发送缓冲区存储数组

#define ILEN 8//串行接收缓冲区大小
unsigned char istart; //接收缓冲区起始索引
unsigned char iend; //接收缓冲区结束索引
char idata inbuf[ILEN]; //接收缓冲区存储数组

bit bdata sendfull; //发送缓冲区满标志
bit bdata sendactive; //发送有效标志
/ * 串行中断服务程序 * /
static void com_isr( void) interrupt 4 using 1
{
```

```
//－－－－－－－接收数据－－－－－－－－－
char c;
if(RI)  //接收中断置位
{
    c = SBUF;  //读字符
    RI = 0;  //清接收中断标志
    if(istart + ILEN! = iend)
        inbuf[iend ++ &(ILEN - 1)] = c;  //缓冲区接收数据
}
//－－－－－－－发送数据－－－－－－－－－
if(TI)
{
    TI = 0;  //清发送中断标志
    if(ostart! = oend)
    {
        SBUF = outbuf[ostart ++ &(OLEN - 1)];  //向发送缓冲区传送字符
        sendfull = 0;  //设置缓冲区满标志位
    }
    else
        sendactive = 0;  //设置发送无效
}
}
void putbuf(char c)  //写字符到 SBUF 或发送缓冲区
{
    if(!sendfull)  //如果缓冲区不满就发送
    {
        if(!sendactive)
        {
            sendactive = 1;  //直接发送一个字符
            SBUF = c;  //写到 SBUF 启动缓冲区
        }
        else
        {
            ES = 0;  //暂时串行口关闭中断
            outbuf[oend ++ &(OLEN - 1)] = c;  //向发送缓冲区传送字符
            if(((oend^ostart) &(OLEN - 1)) = =0)
```

```
            sendfull = 1；//设置缓冲区满标志
          ES = 1；//打开串行口中断
        }
    }
}
//替换标准库函数 putchar 程序
//printf 函数使用 putchar 输出一个字符
char putchar（char c）
{
  if（c = = '\n'）//增加新的行
  {
    while（sendfull）；//等待发送缓冲区空
    putbuf（0x0D）；//对新行在 LF 前发送 CR
  }
  while（sendfull）；
  putbuf（c）；
  return（c）；
}
//替换标准库函数_getkey 程序
//getchar 和 gets 函数使用_getkey
char _getkey（void）
{
  char c；
  while（iend = = istart）//判断接收缓冲区起始索引是否等于接收缓冲区结束索引
  {；}
  ES = 0；
  c = inbuf[ istart + + &（ILEN – 1）]；
  ES = 1；
  return（c）；
}
/* 初始化串行口和 UART 波特率函数 */
void com_initialize（void）
{
  TMOD | = 0x20；//设置定时器1工作在方式2,自动重载模式
  SCON = 0x50；//设置串行口工作方式1, 即 SM0 = 0,SM1 = 1,REN = 1
  TH1 = 0xFD；//波特率9600
```

```
    TL1 = 0xFD;
    TR1 = 1;  //启动定时器
    ES = 1;  //开串行口中断,见表6-2
}

void uart_Init( )
{
    com_initialize( );
    EA = 1;  //开总中断,见表6-2
}
#define XTAL 11059200
#define baudrate 9600
```

声明所使用的晶振频率为 11.059 2 MHz,串口使用的波特率为 9 600。

```
#define OLEN 8
#define ILEN 8
```

输出和输入的位数均是 8 位。

AT89S52 内部存储器由片上 ROM 和片上 RAM 组成。片上 RAM 空间由各种用途的存储器空间组成,包括通用 RAM、可位寻址 RAM(BDATA 区)、寄存器组及特殊功能寄存器(SFR)。

另外,AT89S52 有附加的 128 字节的内部 RAM,称为 IDATA 区,地址与 SFR 是重叠的。这个空间通常用于存放使用频繁的数据。如:

```
char idata outbuf[OLEN];        //发送缓冲区存储数组
char idata inbuf[ILEN];         //接收缓冲区存储数组
```

BDATA 区允许软件以"位"为单位访问存储器,这是一项非常有用的功能,仅以一条指令就可以实现对位进行置位、清除、与、或等操作,简化了设计。如:

```
bit bdata sendfull;             //发送缓冲区满标志
bit bdata sendactive;           //发送有效标志
```

函数 void com_initialize(void)对串口进行了初始化并设置了波特率9 600,串口将工作在模式 1 下;函数 void uart_Init( )调用了 com_initialize( )并打开了总中断。

参考项目六可知,TMOD | = 0x20,使定时/计数器 1 工作在方式 2;SCON = 0x50,设置串口工作在模式 1;根据波特率公式反推出初值为:

$$初值 = 2^K - [(2^{SMOD}/32) \cdot (f_{osc}/12)/波特率]$$
$$= 2^8 - [(2^0/32) \cdot (11.0592 * 10^6/12)/9600] = 253 = 0xFD$$

使用函数 void putbuf(char c)写字符到 SBUF 或发送缓冲区;函数 char _getkey(void)从 AT89S52 的串口中读入一个字符,然后等待字符输入;而 char putchar(char c)则是通过调用 putbuf()输出字符。注意,putchar()只能输出一个字符,而用到的 printf 函数则可以通过调用 putchar()输出字符串。

函数 static void com_isr(void) interrupt 4 using 1 的作用就是进行串口中断服务,接收和发送数据。"4"是串口的中断号;"1"表示用了第 1 组寄存器。

2. 试一试

① 按照项目一、项目二的介绍将此头文件保存在正确的路径上;

② 编译主函数调用 uart_Init()使串口工作;

③ 通过串口调试工具及 printf 函数观察串口是否正常工作;

④ 更改波特率大小,如改为 4 800 或 19 200,观察串口是否依然正常工作;

⑤ 尝试使用别的串口工作模式来进行串口通信。

任务二 串口工作流程

任务一虽然介绍了 uart.h 头文件中各个函数,以及中断是如何处理接收和发送的,但比较抽象。仅通过这个头文件,可能很难理解串口的整个工作流程。下面将通过讲解常用的 printf()函数及 scanf()函数来加强对串口工作的理解。

C51 库函数中包含有字符的 I/O 函数,它们通过单片机串口工作,这些 I/O 函数都依赖于两个函数:putchar()函数和 getkey()函数。可以在"C:\Program Files\Keil\C51\LIB"目录下找到这两个函数的定义,其中 getkey()函数前面加了下划线"_",表示该函数并不是标准的 C 库函数。uart.h 头文件修改了这两个函数用来满足自己的需求。

例程 HelloRoBot. c——printf("Hello,this is a message from your Robot\n");

printf()函数调用 putchar()函数将第一个字符(字符'H')发送到寄存器 SBUF 中;SBUF 满,TI 置位,进入中断处理函数发送该字符;之后字符'H'通过串口线到达 PC 机串口,串口调试窗口进行接收处理,并将字符'H'在接收区内显示。

如此往复,直到 printf()函数发送最后一个字符'\n'——回车命令,将光标置位在下一行,发送工作才结束。整个发送流程如图 7-4 所示。

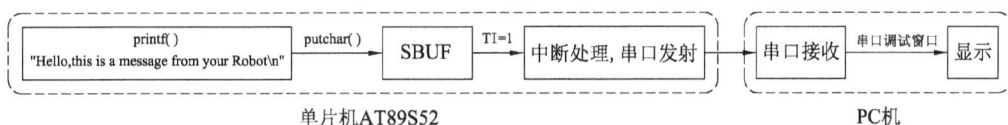

图 7-4 串口发射流程

例程 ControlServoWithComputer. c——scanf("% d",&PulseDuration) ;

当在串口调试窗口"发送区"内写入整数 1 700 并点击【发送】按钮时,调试窗口会将字符'6'(整数 1 700 在十六进制下的表示为 6A4,转换过程由调试窗口程序完成)通过串口线发送到单片机的串口。

scanf( )函数通过调用 getkey( )函数从单片机串口处接收字符'6',接收缓冲寄存器 SBUF 满,RI 置位,进入中断处理函数,取出字符'6';如此循环,直到全部数据接收完。

最后,scanf( )函数再将接收到的数据,即 1 700 赋给变量 PulseDuration。

串口接收流程如图 7-5 所示。

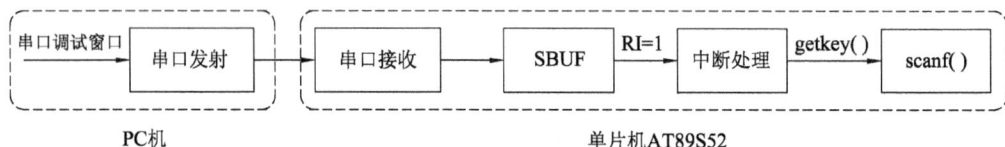

图 7-5　串口接收流程

思考题

1. 查找相关资料,学习串口控制寄存器 SCON 及特殊寄存器 PCON 的功能及用法。

2. 芯片 MAX232 也具有进行 RS232 与 TTL 电平转换功能,查阅相关资料,掌握它的用法。

3. 在头文件 stdio. h 包含了常用的许多函数,了解这些函数的用法。

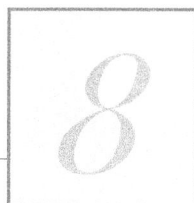

项目八

8

机器人 LCD 应用编程

技能要求

1. 了解 LCD 作为终端显示与单片机编程实现。
2. 掌握指针的使用。
3. 了解 C 语言编译预处理功能。
4. 掌握头文件的制作。

　　LCD(Liquid Crystal Display)的应用很广泛,如手表上的液晶显示屏、仪表仪器上的液晶显示器或者电脑上的液晶显示器。在一般的办公设备上也很常见,如传真机、复印件,一些娱乐器材玩具等也常常见到 LCD 的踪影。本项目应用 LCD 作为机器人状态显示窗口,使机器人在运行过程中能够显示信息。

　　本项目使用的 LCD 为字符型点阵式 LCD 模块(Liquid Crystal Display Module) ,简称 LCM 或者是字符型 LCD。

　　字符型液晶显示模块是一种专门用于显示字母、数字、符号等的点阵式液晶显示模块。每一个显示的字符(或字母、数字等)由 5×7 或 5×11 点阵组成。点阵字符位之间有一空点距的间隔,起到字符间距和行距的作用。

　　本项目所使用的 LCD 显示器可显示两行,每行由 16 个点阵字符组成,能显示所有 ASCII 字符,如图 8-1 所示,每个字符由 5×7 点阵组成。

图 8-1　LCD 实物图

任务一　认识 LCD 显示器

1. LCD 显示器连接

　　LCD 有 8 个数据引脚(D0 ~ D7) 与 AT89S52 相连,用于接收指令和数据。AT89S52 通过 RS,R/W 和 E 这 3 个端口控制 LCD 模块。表 8-1 为 LCD 的引脚说明,图 8-2 为 LCD 引脚与 AT89S52 连接示意图。

表 8-1　LCD 显示器引脚说明

编号	符号	引脚说明	编号	符号	引脚说明
1	GND	电源地	9	D2	双向数据口
2	VCC	电源正极	10	D3	双向数据口
3	VO	对比度调节	11	D4	双向数据口
4	RS	数据/命令选择	12	D5	双向数据口
5	R/W	读/写选择	13	D6	双向数据口
6	E	模块使能端	14	D7	双向数据口
7	D0	双向数据口	15	BLA	背光源正极
8	D1	双向数据口	16	BLK	背光源地

VO:直接接地,对比度最高。

RS:MCU 写入数据或者指令选择端。MCU 要写入指令时,使 RS 为低电平;MCU 要写入数据时,使 RS 为高电平。

R/W:读写控制端。R/W 为高电平时,读取数据;R/W 为低电平时,写入数据。

E:LCD 模块使能信号控制端。写数据时,需要下降沿触发模块。

D0～D7:8 位数据总线,三态双向。该模块也可以只使用 4 位数据线 D4～D7 接口传送数据。

BLA:需要背光时,BLA 串接一个限流电阻接 VCC,BLK 接地。

BLK:背光地端。

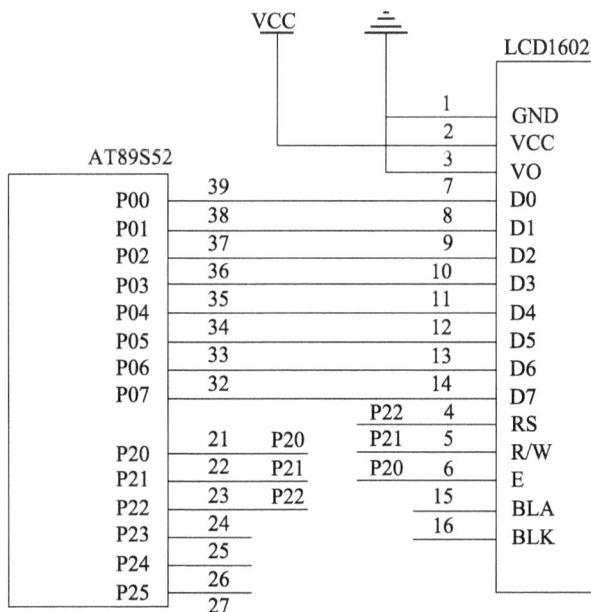

图 8-2　LCD 模块与 MCU 连接图

实际上,是 LCD 模块与教学板相连,相关电路图见附件。

2．LCD 控制器接口说明

（1）基本操作时序

在 LCD 时序图中,在将 E 置高电平前,先设置好 RS 和 R/W 信号,在 E 下降沿到来之前,准备好写入的命令字或数据。只需在适当的地方加上延时,就可以满足要求了。

读状态   输入:RS = L,RW = H,E = H

                输出:DB0 ~ DB7 = 状态字

写指令   输入:RS = L,RW = L,E = 下降沿脉冲,DB0 ~ DB7 = 指令码

                输出:无

读数据   输入:RS = H,RW = H,E = H

                输出:DB0 ~ DB7 = 数据

写数据   输入:RS = H,RW = L,E = 下降沿脉冲,DB0 ~ DB7 = 数据

                输出:无

（2）状态字说明

STA7	STA6	STA5	STA4	STA3	STA2	STA1	STA0
D7	D6	D5	D4	D3	D2	D1	D0

STA0 – 6	当前数据地址指针的数值	
STA7	读/写操作使能	1:禁止 0:允许

注:对控制器每次进行读/写操作之前,都必须进行读写检测,确保 STA7 为 0。

（3）指令说明

显示模式设置见表 8-2,显示开/关及光标设置见表 8-5,其他设置见表 8-6.

表 8-4   显示模式设置

指令码								功能
0	0	1	1	1	0	0	0	设置 16 × 2 显示,5 × 7 点阵,8 位数据接口
0	0	1	0	1	0	0	0	设置 16 × 2 显示,5 × 7 点阵,4 位数据接口

表 8-5   显示开/关及光标设置

指令码								功能
0	0	0	0	1	D	C	B	D = 1 开显示;D = 0 关显示 C = 1 显示光标;C = 0 不显示光标 B = 1 光标闪烁;B = 0 光标不闪烁
0	0	0	0	0	1	N	S	N = 1 当读或写一个字符后地址指针加 1,且光标加 1 N = 0 当读或写一个字符后地址指针减 1,且光标减 1 S = 1 当写一个字符,整屏显示左移(N = 1)或右移(N = 0),以得到光标不移动而屏幕移动的效果 S = 0 当写一个字符,整屏显示不移动

表 8-6　其他设置

指令码	功能
01H	显示清屏:1、数据指针清零 2、所有显示清零
02H	显示回车:1、数据指针清零

3. 初始化过程(复位过程)

- 延时 15 ms
- 写指令 38H(不检测忙信号)(或 28H,表示 4 位数据接口,下同)
- 延时 15 ms
- 写指令 38H(不检测忙信号)
- 延时 15 ms
- 写指令 38H(不检测忙信号)

(以后每次写指令、读/写数据操作之前均需检测忙信号)

- 写指令 38H:显示模式设置
- 写指令 08H:显示关闭
- 写指令 01H:显示清屏
- 写指令 06H:显示光标移动设置
- 写指令 0CH:显示开及光标设置

4. 数据指针(地址)设置

LCD 控制器内部带有 80×8 位(80 字节)的 RAM 缓冲区,对应关系如图 8-3 所示。

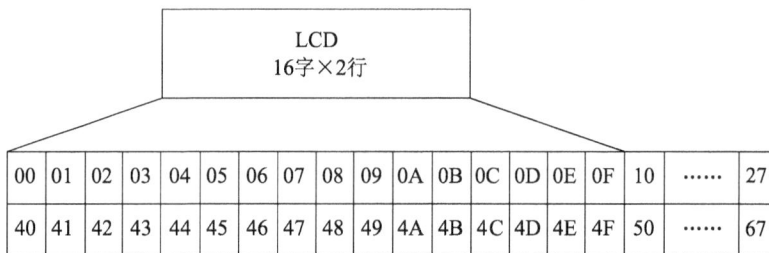

| 00 | 01 | 02 | 03 | 04 | 05 | 06 | 07 | 08 | 09 | 0A | 0B | 0C | 0D | 0E | 0F | 10 | …… | 27 |
| 40 | 41 | 42 | 43 | 44 | 45 | 46 | 47 | 48 | 49 | 4A | 4B | 4C | 4D | 4E | 4F | 50 | …… | 67 |

图 8-3　LCD 内部 RAM 地址映射图

数据地址设置指令码:80H + 地址码(0 ~ 27H,40 ~ 67)。

任务二　编写 LCD 模块驱动程序

本任务将通过编写程序来驱动 LCD 显示器,并显示机器人所要显示的字符或字符串,这样就可以不需要调试终端的帮助而显示字符或者字符串。

1. 电路连接

(1)元件清单

① LCD 1602 显示器

② 跳线

(2)线路连接

传统的连线是如图 8-2 介绍的 8 位数据线连接法,而本教材采用 4 位数据线传输方式来进行 LCD 显示,因为这样可以节省接口开销。

由于 LCD 的指令和数据都是 8 位的,因此在传输时要传输两次才能完成一次操作。电路的连接如图 8-4 所示。

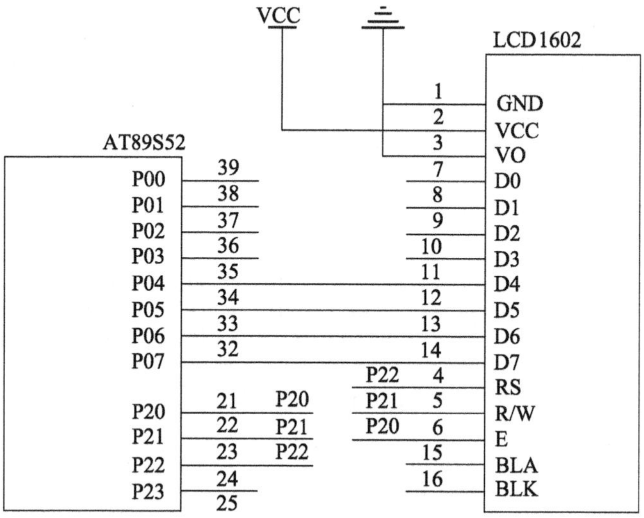

图 8-4　4 位数据线连接 LCD

2. 程序编写

例程:LCDdisplay. c

● 接通主板电源

● 连接 LCD 显示器模块

● 输入、保存并运行 LCDdisplay. c,验证显示器是否显示字符串

```
/ * = = = = = = = = = = = = = = = = = = = = = = = = = = = = = = = =
            1602 液晶显示的实验例子
        - - - - - - - - - - - - - - - - - - -
    | DB4 - - - - - P0.4 | RW - - - - - - - P2.1
    | DB5 - - - - - P0.5 | RS - - - - - - - P2.2
    | DB6 - - - - - P0.6 | E - - - - - - - - P2.0
    | DB7 - - - - - P0.7 |
        - - - - - - - - - - - - - - - - - - -
= = = = = = = = = = = = = = = = = = = = = = = = = = = = = = = = = */
    #include < AT89X52.h >
    #include < BoeBot.h >
    #define LCM_RW          P2_1 //定义引脚
    #define LCM_RS          P2_2
    #define LCM_E           P2_0
    #define LCM_Data        P0
    #define Busy            0x80 //用于检测 LCM 状态字中的 Busy 标识
/ * - - - - - - - - - - - - - - -
            子函数声明
        - - - - - - - - - - - - - - - */
    void Write_Data_LCM( unsigned char WDLCM );
    void Write_Command_LCM( unsigned char WCLCM,BuysC );
    void Read_Status_LCM( void );
    void LCM_Init( void );
    void Set_xy_LCM( unsigned char x, unsigned char y );
    void Display_List_Char( unsigned char x, unsigned char y, unsigned char * s );

    void main( void )
    {
      LCM_Init( ); //LCM 初始化
      delay_nms(5); //延时片刻(可不要)
      while(1)
      {
        Display_List_Char(0, 0, "www.depush.com");
        Display_List_Char(1, 0, "Robot - AT89S52");
      }
    }
```

```
/* = = = = = = = = = = = = = = =
    函数名:Read_Status_LCM()
       功  能:忙检测函数
    = = = = = = = = = = = = = = = */
    void Read_Status_LCM(void)
    {
      unsigned char read = 0;

      LCM_RW = 1;
      LCM_RS = 0;
      LCM_E = 1;
      LCM_Data = 0xFF;
      do
        read = LCM_Data;
      while(read & Busy);

      LCM_E = 0;
    }
/* - - - - - - - - - - - - - - - -
      函数名:Write_Data_LCM ()
       功  能:对 LCD 1602 写数据
    - - - - - - - - - - - - - - - - - */
    void Write_Data_LCM(unsigned char WDLCM)
    {
      Read_Status_LCM();//检测忙

      LCM_RS = 1;
      LCM_RW = 0;

      LCM_Data & = 0x0F;
      LCM_Data | = WDLCM&0xF0;
      LCM_E = 1; //若晶振速度太高可以在这后加小的延时
      LCM_E = 1; //延时
      LCM_E = 0;

      WDLCM = WDLCM < <4;
      LCM_Data & = 0x0F;
      LCM_Data | = WDLCM&0xF0;
```

```
    LCM_E = 1;
    LCM_E = 1;  //延时
    LCM_E = 0;
  }
/* - - - - - - - - - - - - - - - - -

    函数名:Write_Command_ LCM ( )
    功　能:对 LCD 1602 写指令
- - - - - - - - - - - - - - - - - */
void Write_Command_LCM(unsigned char WCLCM, BuysC)
//BuysC 为 0 时忽略忙检测
  {
    if (BuysC)
      Read_Status_LCM( );//根据需要检测忙

    LCM_RS = 0;
    LCM_RW = 0;

    LCM_Data & = 0x0F;
    LCM_Data | = WCLCM&0xF0;//传输高4位
    LCM_E = 1;
    LCM_E = 1;
    LCM_E = 0;

    WCLCM = WCLCM < <4;//传输低4位
    LCM_Data & = 0x0F;
    LCM_Data | = WCLCM&0xF0;
    LCM_E = 1;
    LCM_E = 1;
    LCM_E = 0;
  }
/* - - - - - - - - - - - - - - - - -
    函数名:LCM_Init( )
    功　能:对 LCD 1602 初始化
- - - - - - - - - - - - - - - - - */
void LCM_Init(void)//LCM 初始化
  {
```

```
    LCM_Data  = 0;
    Write_Command_LCM(0x28,0);//3 次显示模式设置,不检测忙信号
    delay_nms(15);
    Write_Command_LCM(0x28,0);
    delay_nms(15);
    Write_Command_LCM(0x28,0);
    delay_nms(15);
    Write_Command_LCM(0x28,1);//显示模式设置,开始要求每次检测忙信号
    Write_Command_LCM(0x08,1);//关闭显示
    Write_Command_LCM(0x01,1);//显示清屏
    Write_Command_LCM(0x06,1);//显示光标移动设置
    Write_Command_LCM(0x0C,1);//显示开及光标设置
}
/* - - - - - - - - - - - - - - - -
    函数名:Set_xy_LCM()
    功  能:设定显示坐标位置
 - - - - - - - - - - - - - - - - */
void Set_xy_LCM(unsigned char x, unsigned char y)
{
    unsigned char address;
    if( x==0 )
      address = 0x80 + y;
    else
      address = 0xC0 + y;
    Write_Command_LCM(address,1);
}
/* - - - - - - - - - - - - - - - -
    函数名:Display_List_Char()
    功  能:按指定位置显示一串字符
 - - - - - - - - - - - - - - - - */
void Display_List_Char(unsigned char x, unsigned char y, unsigned char *s)
{
    Set_xy_LCM(x,y);
    while( *s )
    {
      LCM_Data = *s;
      Write_Data_LCM( *s);
```

```
        s + + ;
    }
}
```

整个工作分为两步:先对 LCD 进行初始化,然后再显示。

研究初始化函数 void LCM_Init(void)发现,该函数完全是按照任务一 LCD 的初始化要求来的。

初始化工作完成之后,主函数调用 Display_List_Char(unsigned char x, unsigned char y, unsigned char *s)来显示字符串。在显示字符串之前,需用 Set_xy_LCM()确定光标的位置,根据数据地址设置指令要求:若在第一行显示,则写指令 0x80 + y;若在第二行显示,则写指令 0x80 + 0x40 + y,即 0xc0 + y。这里还用到了 C 语言中的一种新的数据类型:指针。

指针是 C 语言中使用广泛的一种数据类型,运用指针编程是 C 语言最主要的风格之一。利用指针变量可以表示各种数据结构,能很方便地使用数组和字符串,并能像汇编语言一样处理内存地址,从而编出精练而高效的程序。指针极大地丰富了 C 语言的功能。学习指针是 C 语言学习中最重要的一环,能否正确理解和使用指针是是否掌握 C 语言的一个标志。同时,指针也是 C 语言学习中最为困难的一部分,在学习中除了要正确理解基本概念外,还必须要多编程并上机调试。只要做到这些,指针也是不难掌握的。

在计算机中,所有的数据都是存放在存储器中的。一般把存储器中的一个字节称为一个内存单元,不同的数据类型所占用的内存单元数不等,如整型量占 2 个单元,字符量占 1 个单元等。为了正确地访问这些内存单元,必须为每个内存单元编上号。根据一个内存单元的编号即可准确地找到该内存单元。内存单元的编号也叫作地址。根据内存单元的编号或地址就可以找到所需的内存单元,所以通常也把这个地址称为指针。

内存单元的指针和内存单元的内容是两个不同的概念。以下用一个通俗的例子来说明它们之间的关系。到银行去存、取款时,银行工作人员将根据客户所提供的账号去找相应的存款单,找到之后在存单上写入存款、取款的金额。在这里,账号就是存单的指针,存款数是存单的内容。对于一个内存单元来说,单元的地址即为指针,其中存放的数据才是该单元的内容。在 C 语言中,允许用一个变量来存放指针,这种变量称为指针变量。因此,一个指针变量的值就是某个内存单元的地址或称为某内存单元的指针。

对指针变量的定义包括 3 个内容:

① 指针类型说明,即定义变量为一个指针变量;

② 指针变量名;

③ 变量值(指针)所指向的变量的数据类型。

其一般形式为:

类型说明符　＊变量名;

其中,＊表示这是一个指针变量,变量名即为定义的指针变量名,"类型说明符"表示本指针变量所指向的变量的数据类型。

在 C 语言中,可以用两种方法访问一个字符串:

① 用字符数组存放一个字符串,然后输出该字符串。如:

```
main ( )
{
char string[ ] = "I love Robot!";
printf("% s\n",string);
}
```

② 用字符串指针指向一个字符串。如:

```
main( )
{
    char ∗ string = "I love Robot!";
    printf("% s\n",string);
}
```

这里,string 是一个指向字符串的指针变量。程序并没有把整个字符串存入 string,而是把字符串的首地址赋予 string。

函数 Display_List_Char(0, 0, "www. depush. com")先给字符串定位(0,0),之后将字符串"www. depush. com"首地址附给指针 s 并显示,随后加 1,指向下一个字符,直到显示全部字符。

3. 试一试

在项目三例程 NavigationWithSwitch. c 中,用数组 char Navigation[10] = {'F','L','F','F','R','B','L','B','B','Q'}来保存机器人的运行状态,在本任务中请尝试用指针完成该功能。

任务三　　用 LCD 显示机器人运动状态

例程 LCDdiaplay. c 仅仅是静态的 LCD 显示,在实际工程应用中没有意义,它应与具体的应用(如机器人的运动)结合起来。在介绍本任务例程之前,先讲解 C 语言的高级功能。

1. C 语言的编译预处理

在 C 语言的编译系统,即 Keil 对程序编译之前,先要对某些程序(这些程序可以是 C 语言提供的标准库函数,也可以是已经开发好的某些程序)进行预处理,然后将预处理的结果和源程序再一起进行正常的编译处理得到目标代码。通常的预处理命令都用"#"开

头,具体预处理命令包括:

（1）宏定义

这是指#define 指令,具有如下形式:

#define 名字 替换文本

它是一种最简单的宏替换。出现在各处的"名字"都将替换"替换文本"。#define 指令所定义的"名字"的作用域,从其定义点开始到被编译的源文件结束。

这个指令本教材之前就已经大量使用,如:

```
#define      LeftIR      P1_2
#define      Kpl         -70
```

（2）文件包含

这是指#include 指令。

在源程序文件中,任何形如#include "文件名"或#include <文件名>的行都被替换成由文件名所指定的文件的内容。如果文件名由引号(" ")括起来,那么就在源程序所在位置查找该文件;如果在这个位置没有找到该文件,或文件名由尖括号(< >)括起来,那么就在系统文件下查找。

这个指令本教材在最开始就用了,如 #include <uart.h>。

所谓文件包含就是指一个源文件可以将另一个源文件的全部内容包含进来。但要注意的是,文件包含并不是把两个文件连接起来,而是编译时作为一个源程序编译,得到一个目标文件,比如 HEX 文件。

被包含的文件常在文件的头部,所以被称为"头文件",可以以".h"为后缀,也可以以".c"为后缀。

对于比较大的程序,用#include 指令把各个文件放在一起是一种优化程序的方法,之前的例程就是这样做的。因此,可以将 LCD 显示部分,即 LCDdisplay.c 作为头文件保存为 LCD.h。

```c
#define LCM_RW        P2_1
#define LCM_RS        P2_2
#define LCM_E         P2_0
#define LCM_Data      P0
#define Busy          0x80 //用于检测 LCM 状态字中的 Busy 标识

void Read_Status_LCM(void)
{
    unsigned char read = 0;

    LCM_RW = 1;
```

```
    LCM_RS = 0;
    LCM_E = 1;
    LCM_Data = 0xFF;
    do
      read = LCM_Data;
    while(read & Busy);

    LCM_E = 0;
}
void Write_Data_LCM(unsigned char WDLCM)
{
    Read_Status_LCM();//检测忙

    LCM_RS = 1;
    LCM_RW = 0;

    LCM_Data & = 0x0F;
    LCM_Data | = WDLCM&0xF0;
    LCM_E = 1;//若晶振速度太高可以在这后加小的延时
    LCM_E = 1;//延时
    LCM_E = 0;

    WDLCM = WDLCM < <4;
    LCM_Data & = 0x0F;
    LCM_Data | = WDLCM&0xF0;
    LCM_E = 1;
    LCM_E = 1;//延时
    LCM_E = 0;
}

void Write_Command_LCM(unsigned char WCLCM,BuysC) //BuysC 为 0 时忽略
忙检测
{
    if (BuysC)
      Read_Status_LCM();//根据需要检测忙

    LCM_RS = 0;
```

```
    LCM_RW = 0;
    LCM_Data & = 0x0F;
    LCM_Data | = WCLCM&0xF0;//传输高4位
    LCM_E = 1;
    LCM_E = 1;
    LCM_E = 0;

    WCLCM = WCLCM < <4;//传输低4位
    LCM_Data & = 0x0F;
    LCM_Data | = WCLCM&0xF0;
    LCM_E = 1;
    LCM_E = 1;
    LCM_E = 0;
}


void LCM_Init(void) //LCM初始化
{
    LCM_Data = 0;
    Write_Command_LCM(0x28,0); //3次显示模式设置,不检测忙信号
    delay_nms(5);
    Write_Command_LCM(0x28,0);
    delay_nms(5);
    Write_Command_LCM(0x28,0);
    delay_nms(5);
    Write_Command_LCM(0x28,1); //显示模式设置,开始要求每次检测忙信号
    Write_Command_LCM(0x08,1); //关闭显示
    Write_Command_LCM(0x01,1); //显示清屏
    Write_Command_LCM(0x06,1); //显示光标移动设置
    Write_Command_LCM(0x0C,1); //显示开及光标设置
}


void Set_xy_LCM(unsigned char x, unsigned char y)
{
    unsigned char address;
    if( x ==0 )
        address = 0x80 + y;
    else
```

```
      address  = 0xc0 + y;
    Write_Command_LCM(address,1);
}
void Display_List_Char(unsigned char x, unsigned char y, unsigned char * s)
{
    Set_xy_LCM(x,y);
    while( * s)
    {
       LCM_Data  =  * s;
       Write_Data_LCM( * s);
       s + + ;
    }
}
```

2. 程序编写

下面的例程以项目三的例程 NavigationWithSwitch. c 为模版,添加 LCD 显示部分,删除串口显示部分。

例程:MoveWithLCDDisplay. c

```
#include  < AT89X52. h >
#include  < BoeBot. h >
#include  < LCD. h >

void Forward( void)
{
    int i;
    for( i = 1; i < = 65; i + + )
    {
       P1_1 = 1;
       delay_nus(1700);
       P1_1 = 0;
       P1_0 = 1;
       delay_nus(1300);
       P1_0 = 0;
       delay_nms(20);
    }
}
void Left_Turn( void)
{
```

```
    int i;
    for(i = 1 ; i < = 26 ; i + + )
    {
      P1_1 = 1 ;
      delay_nus( 1300 ) ;
      P1_1 = 0 ;
      P1_0 = 1 ;
      delay_nus( 1300 ) ;
      P1_0 = 0 ;
      delay_nms( 20 ) ;
    }
}
void Right_Turn( void )
{
    int i;
    for( i = 1 ; i < = 26 ; i + + )
    {
      P1_1 = 1 ;
      delay_nus( 1700 ) ;
      P1_1 = 0 ;
      P1_0 = 1 ;
      delay_nus( 1700 ) ;
      P1_0 = 0 ;
      delay_nms( 20 ) ;
    }
}
void Backward( void )
{
    int i;
    for( i = 1 ; i < = 65 ; i + + )
    {
      P1_1 = 1 ;
      delay_nus( 1300 ) ;
      P1_1 = 0 ;
      P1_0 = 1 ;
      delay_nus( 1700 ) ;
      P1_0 = 0 ;
```

```c
            delay_nms(20);
        }
}
int main(void)
{
    char Navigation[10] = {'F','L','F','F','R','B','L','B','B','Q'};
    int address = 0;
    LCM_Init();

    while(Navigation[address] != 'Q')
    {
        switch(Navigation[address])
        {
        case 'F':Forward();
                Display_List_Char(0,0,"case:F");
                Display_List_Char(1,0,"Forward");
                delay_nms(500);
                break;
        case 'L':Left_Turn();
                Display_List_Char(0,0,"case:L");
                Display_List_Char(1,0,"Turn Left ");
                delay_nms(500);
                break;
        case 'R':Right_Turn();
                Display_List_Char(0,0,"case:R");
                Display_List_Char(1,0,"Turn Right");
                delay_nms(500);
                break;
        case 'B':Backward();
                Display_List_Char(0,0,"case:B");
                Display_List_Char(1,0,"Backward   ");
                delay_nms(500);
                break;
        }
        address++;
    }
    while(1);
}
```

在理解项目三例程 NavigationWithSwitch. c 的基础上,理解该例程并不难:switch 处理每个 case 之后,调用 Display_List_Char( )函数在 LCD 的两行上显示了相关信息,之后做了 0.5 s 的延时,这是因为如果不加延时,LCD 显示时间过短,实验效果不明显。

程序执行过程中 LCD 的部分显示可见图 8-5 和图 8-6。

图 8-5 前进时 LCD 显示

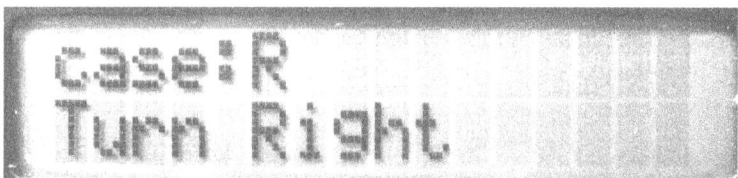

图 8-6 右拐时 LCD 显示

3. 试一试

① 将主函数 main 之前的 4 个行走子函数以头文件的形式加入程序,优化程序;

② 思考为什么不将 LCD 初始化函数 LCM_Init( )放在 while 循环体外;

③ 仔细研究 LCD 模块电路图(附录 D),会发现电路中有 4 个按钮,分别与数据端 D4 ~ D7 相连,可以起到触发输出的作用,思考如何完成这个功能;

④ 思考为什么有的显示字符后面加了空格,如:"Forward   ",而没有写成"Forward"。

思 考 题

1. 在介绍 LCD 数据总线时,说它是"三态双向",第三态是什么?

2. 指针作为 C 语言重要的一种数据类型,还有许多用法,请查找相关资料,对指针用法进行归纳总结。

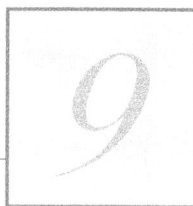

项目九

多传感器机器人的控制

9

![技能要求图标] 技能要求

1. 掌握结构体、结构体变量的说明。
2. 了解结构体变量在导航中的应用。
3. 掌握基于多传感器信息的机器人导航。

　　通过前面的学习,我们对"导航"已经不再陌生:传感器(触觉或红外线)检测到信息,并将其传送给机器人大脑——微控制器 AT89S52,决策后发送命令给执行器——电机,使机器人能够正常行走。

　　但不管触觉导航也好,红外线导航也好,机器人大脑分析的信息都是单一传感器信息。在实际的智能机器人系统中,通常不只有一种传感器,而是有多种传感器来检测各种环境信息,如用触觉传感器可以检测是否有物体碰到机器人,用红外线传感器则能检测不远的前方是否有障碍物,用激光传感器则可以检测更远的地方是否有障碍物等。当然,最复杂的机器人传感器是视觉传感器,这不是本课程讨论的内容。

　　本项目将前面已经学习和实践过的触觉和红外传感器结合,设计一款多传感器智能机器人,使它能够结合传感器检测到的信息进行综合判断,执行理想的行走方案。如果有更多的机器人传感器,也可以参考本项目的处理方法。

任务一　多传感器信息与 C 语言结构体的使用和编程

　　在前几个项目的学习中,想要显示或存储的一些信息,如" int counter"" Program Running!""char Navigation [10] = { ′F′, ′L′, ′F′, ′F′, ′R′, ′B′, ′L′, ′B′, ′B′, ′Q′ } ;"" int Pulses_Left[4] = {1700,1300,1700,1300} ;"等,用了大量不同类型的变量,是否可以把这些不同类型的变量全部放在一个变量里呢? 在这里,将学到一种新的数据类型——结构体。

1. 结构体

　　结构体可以将不同类型的变量放到一起,组成一个复合的复杂变量,以表示某些工程对象或者系统的多元特征。

　　在实际问题中,一些对象或者系统的特征往往具有不同的数据类型,而编写程序时,肯定希望把同一个对象或者系统的特征放到一个数据变量中,以便于阅读、分析和检查。例如,在学生登记表中描述一个学生的特征,包括姓名、学号、年龄、性别和成绩等,肯定希望有一个数据结构能够包括所有这些特征,但这些特征中姓名应为字符型,学号可为整型或字符型,年龄应为整型,性别应为字符型,成绩可为整型或实型。显然不能用一个数组或者其他已经学习过的数据类型来存放这些数据。数组可以存放多个数据,但这些数据必须是同一个类型。为了解决这个问题,C 语言给出了一种构造数据类型——"结构(structure)"或叫"结构体"。

　　(1) 结构的定义

　　"结构"是一种构造类型,它是由若干"成员"组成的。结构的每一个成员可以是一个基本数据类型或者是另一个已经定义好的构造类型。结构既然是一种"构造"而成的数据类型,那么在说明和使用之前必须先对其进行定义,也就是构造它,如同在说明和调用函数之前要先定义函数一样。

定义一个结构的一般形式为：

struct　结构名

{成员列表};

"成员列表"由若干个成员组成，每个成员都是该结构的一个组成部分。对每个成员也必须做类型说明，其形式为：

类型说明符　成员名；

"成员名"的命名应符合标识符的书写规定。例如，可以将前面例子中学生登记表中的学生定义成一个结构：

```
struct stu
{
    int num;
    char name[20];
    char sex;
    float score;
};
```

在这个结构定义中，结构名为 stu，该结构由 4 个成员组成。第一个成员为 num，整型变量；第二个成员为 name，字符数组；第三个成员为 sex，字符变量；第四个成员为 score，实型变量。应注意在大括号后的分号是不可少的。

（2）说明结构变量

结构定义之后，即可进行变量说明。凡说明为结构 stu 的变量都由上述 4 个成员组成。由此可见，结构是一种复杂的数据类型，是数目固定且类型不同的若干有序变量的集合。

说明结构变量有以下 3 种方法：

① 先定义结构，再说明结构变量，如：

```
struct stu
{
    int num;
    char name[20];
    char sex;
    float score;
};
struct stu boy1,boy2;
```

说明两个变量 boy1 和 boy2 为 stu 结构类型。

② 在定义结构类型的同时说明结构变量，如：

```
struct stu
{
    int num;
    char name[20];
    char sex;
    float score;
} boy1,boy2;
```

这种说明的一般形式为:

```
struct   结构名
{
    成员列表
} 变量名列表;
```

③ 直接说明结构变量,如:

```
struct
{
    int num;
    char name[20];
    char sex;
    float score;
} boy1,boy2;
```

这种说明的一般形式为:

```
struct
{
    成员列表
} 变量名列表;
```

第三种方法与第二种方法的区别在于,第三种方法中省去了结构名,而直接给出结构变量。

3 种方法中说明的 boy1,boy2 变量都具有图 9-1 所示的结构。

num	name	sex	score

图 9-1　结构变量 boy1,boy2 结构

说明了 boy1,boy2 变量为 stu 类型后,即可向这两个变量中的各个成员赋值。在上述 stu 结构定义中,所有的成员都是基本数据类型或数组类型。

成员也可以是一个结构,即构成嵌套的结构。例如,图 9-2 给出了另一个数据结构。

num	name	sex	birthday			score
			day	month	year	

图 9-2　嵌套式数据结构

（3）结构变量成员的表示方法

在程序中使用结构变量时，往往不把它作为一个整体来使用。一般对结构变量的使用，包括赋值、输入、输出、运算等都是通过结构变量的成员来实现的。

表示结构变量成员引用的一般形式是：

结构变量名. 成员名

例如：

boy1. num　　即第一个人的学号

boy2. sex　　即第二个人的性别

如果成员本身又是一个结构，则必须逐级找到最低级的成员才能使用。

例如：

boy1. birthday. month　　即第一个人出生的月份

结构变量的成员可以在程序中单独使用，与普通变量完全相同。

（4）结构变量的赋值

结构变量的赋值就是给各成员赋值，可用输入语句来完成。如：

boy1. num = 102；

boy2. sex = 'M'；

（5）结构变量的初始化

和其他类型变量一样，对结构变量可以在定义时进行初始化赋值。如：

```
struct stu
{
    int num；
    char  * name；
    char sex；
    float score；
}boy2,boy1 = {102,"Zhang ping",'M',78.5}；
```

2. 程序编写

掌握结构的基本知识之后，下面的例程将不难理解。

例程:IRRoamingWithStructLCDDisplay. c

```c
#include < AT89X52. h >
#include < BoeBot. h >
#include < IR. h >
#include < Move. h >
#include < LCD. h >

int main( void)
{
  LCM_Init( ) ;   //LCD 初始化
  while(1)
  {
    Launch( ) ;   //红外发射
    if( ( irDetectLeft ==0) && ( irDetectRight ==0) )//两边同时接收到红外线
    {
      Left_Turn( ) ;
      Left_Turn( ) ;
      Display_List_Char(0,0,"Both IR Detected") ;
      Display_List_Char(1,0,"Turn Left Twice ") ;
      delay_nms(500) ;
    }
    else if( irDetectLeft ==0)//只有左边接收到红外线
    {

      Right_Turn( ) ;
      Display_List_Char(0,0,"L IR Detected") ;
      Display_List_Char(1,0,"Turn Right Once ") ;
      delay_nms(500) ;
    }
    else if( irDetectRight ==0)//只有右边接收到红外线
    {

      Left_Turn( ) ;
      Display_List_Char(0,0,"R IR Detected") ;
      Display_List_Char(1,0,"Turn Left Once") ;
      delay_nms(500) ;
    }
    else
    {
```

```
        For_Ward();
        Display_List_Char(0,0,"No IR Detected");
        Display_List_Char(1,0,"Forward Directly");
        delay_nms(500);
      }
    }
}
```

与项目五例程 RoamingWithIr. c 相比,该例程添加了多个头文件。其中头文件 LCD. h
与项目八一样,用来在 LCD 上显示机器人相关信息,具体内容见项目八。

头文件 IR. h 整合了红外发射的相关函数,具体内容如下:

```
#include <intrins. h>

#define LeftIR         P1_2    //左边红外接收连接到 P1_2
#define RightIR        P3_5    //右边红外接收连接到 P3_5
#define LeftLaunch     P1_3    //左边红外发射连接到 P1_3
#define RightLaunch    P3_6    //右边红外发射连接到 P3_6

int irDetectLeft,irDetectRight;

int IRLaunch(unsigned char IR)
{
    int counter;
    if(IR == 'L')
    for(counter = 0;counter < 1000;counter ++)//左边发射
    {
        LeftLaunch = 1;
        _nop_(); _nop_(); _nop_(); _nop_(); _nop_(); _nop_();
        _nop_(); _nop_(); _nop_(); _nop_(); _nop_(); _nop_();
        LeftLaunch = 0;
        _nop_(); _nop_(); _nop_(); _nop_(); _nop_(); _nop_();
        _nop_(); _nop_(); _nop_(); _nop_(); _nop_(); _nop_();
    }
    if(IR == 'R')
    for(counter = 0;counter < 1000;counter ++)//右边发射
    {
```

```
        RightLaunch = 1;
        _nop_(); _nop_(); _nop_(); _nop_(); _nop_(); _nop_();
        _nop_(); _nop_(); _nop_(); _nop_(); _nop_(); _nop_();
        RightLaunch = 0;
        _nop_(); _nop_(); _nop_(); _nop_(); _nop_(); _nop_();
        _nop_(); _nop_(); _nop_(); _nop_(); _nop_(); _nop_();
    }
}
void Launch(void)
{
    IRLaunch('R');
    irDetectRight = RightIR;//右边接收
    IRLaunch('L');
    irDetectLeft = LeftIR;//左边接收
}
```

顾名思义,头文件 Move.h 是保存机器人行走的子函数,与以往例程不同的是,该头文件保存时用到了结构体变量:

```
struct
{
    int pulseLeft;
    int pulseRight;
    char counter;
} Forward = {1700,1300},
  LeftTurn = {1300,1300,26},
  RightTurn = {1700,1700,26},
  Backward = {1300,1700,26};
  void For_Ward(void)
  {
      P1_1 = 1;
      delay_nus(Forward.pulseLeft);
      P1_1 = 0;
      P1_0 = 1;
      delay_nus(Forward.pulseRight);
      P1_0 = 0;
      delay_nms(20);
  }
```

```
void Left_Turn(void)
{
    int i;
    for(i = 1;i <= LeftTurn. counter;i ++ )
    {
        P1_1 = 1;
        delay_nus(LeftTurn. pulseLeft);
        P1_1 = 0;
        P1_0 = 1;
        delay_nus(LeftTurn. pulseRight);
        P1_0 = 0;
        delay_nms(20);
    }
}
void Right_Turn(void)
{
    int i;
    for(i = 1;i <= RightTurn. counter;i ++ )
    {
        P1_1 = 1;
        delay_nus(RightTurn. pulseLeft);
        P1_1 = 0;
        P1_0 = 1;
        delay_nus(RightTurn. pulseRight);
        P1_0 = 0;
        delay_nms(20);
    }
}
void Back_Ward(void)
{
    int i;
    for(i = 1;i <= Backward. counter;i ++ )
    {
        P1_1 = 1;
        delay_nus(Backward. pulseLeft);
        P1_1 = 0;
        P1_0 = 1;
```

```
        delay_nus(Backward. pulseRight);
        P1_0 = 0;
        delay_nms(20);
    }
}
```

该头文件定义一个结构体的同时定义了 4 个变量 Forward, LeftTurn, RightTurn 和 Backward, 分别存储了机器人行走的相关信息: 左轮脉冲数——int pulseLeft, 右轮脉冲数——int pulseRight 和循环次数——char counter。

对结构变量成员的引用按照规则"结构变量名. 成员名"进行, 如 delay_nus(Backward. pulseLeft)。

需要说明的是, 头文件虽然定义了后退子函数, 但由例程的行为控制策略可以看出, 当机器人两边红外传感器均检测到障碍物时, 机器人左拐两次避开后再前进, 并没有使用后退子函数。当然, 还可以改变行为控制策略, 观察机器人的运动状态。

图 9-3 是机器人在前进及左拐时的截图。

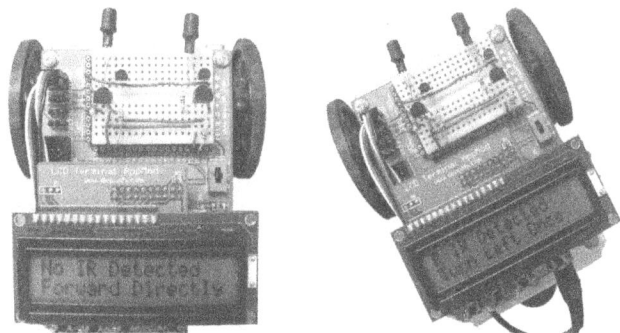

图 9-3　机器人前进及左拐截图

3. 试一试

① 用结构体及头文件的方式更改项目四例程 RoamingWithWhiskers. c;
② 使用后退子函数, 更改机器人行为控制。

任务二　智能机器人的行为控制策略和编程

本项目的学习目的是基于多传感器信息的机器人导航。其实, 通过前面几个项目的学习, 已经分别掌握了基于单一传感器信息的机器人导航。本任务的目的是将触觉和红外传感器信息进行综合判断处理,最后将传感器及导航信息在 LCD 上显示。

1. 行为控制策略

首先按图 9-4 所示搭建机器人。其中,胡须及红外电路分别参考图 4-2 和图 5-3。此外,在搭建 IR LED 时,可适当将红外 LED 向两边偏移,减少两只红外 LED 检测区域的重叠。

图 9-4　多传感器智能机器人

"优先级"这个概念我们一定不会陌生。人们在工作和生活中往往要处理各种事务,这些事务有轻重缓急之分,时间紧、迫在眉睫的事情要优先处理,它们的优先级最高,等这些事情处理完后再处理其他事情,其他事情当中也是先处理优先级高的。如果几件事情同等重要,就按时间的先后顺序完成。

在智能机器人里,引入了两个传感器——胡须及红外。那么它们的优先级谁高谁低呢?

假设胡须和红外同时检测到了障碍物,而胡须检测到的障碍物近在眼前,红外检测到的障碍物还有一定的距离,理所当然先处理胡须事件,所以胡须的优先级要比红外的优先级高。两个传感器检测区域示意如图 9-5 所示。

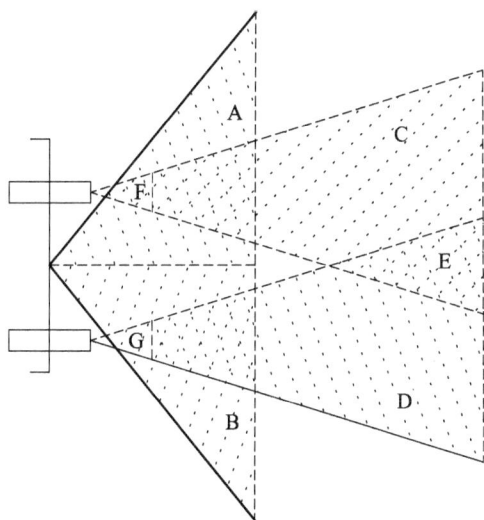

图 9-4　传感器检测区域示意图

胡须传感器检测区域为 A 和 B,检测距离虽然短,但优先级比红外传感器高。

红外传感器检测区域为 C 和 D,呈喇叭形发散,检测距离远,范围广;区域 E 为两者共同检测区;F 和 G 分别为两者的盲区。

根据传感器的优先级,可以方便地制作机器人行为控制策略。左、右胡须状态分别由 P2_3 和 P1_4 获得;左、右红外检测器状态分别由 P1_2 和 P3_5 获得。假如这 4 个状态值分别是某一变量的高、低 4 位,则根据这一变量的值就可判断机器人的状态,并做出相应行为策略,见表9-1。

表 9-1   传感器状态组合及行为控制

左胡须 P2_3	右胡须 P1_4	左红外 P1_2	右红外 P3_5	状态值 state	行为策略
1	1	1	1	15	前进
0	0	×	×	0~3	后退左拐两次
0	1	×	×	4~7	后退再右拐
1	0	×	×	8~11	后退再左拐
1	1	0	0	12	右拐两次
1	1	0	1	13	右拐
1	1	1	0	14	左拐

注:×表示 0 或 1

通过 state 的大小就可以判断是哪个传感器检测到信息。

2. 程序编写

例程:NavigationWithSensors. c

```
#include < AT89X52. h >
#include < BoeBot. h >
#include < IR. h >
#include < Whisker. h >
#include < Move. h >
#include < LCD. h >

int main( void )
{
    int a,b,c,d,state;    //状态值
    LCM_Init( );          //LCD 初始化
    while(1)
    {
        a = P2_3state( );   //左胡须状态
        b = P1_4state( );   //右胡须状态
```

```
c = irDetectLeft；//左红外状态
d = irDetectRight；//右红外状态
state = 2 * 2 * 2 * a + 2 * 2 * b + 2 * c + d；


Launch( )；
switch( state)
{
    case 15：Display_List_Char(0, 0, "No Sensor Detect")；
            Display_List_Char(1, 0, "Forward")；
            For_Ward( )；  //没有检测到障碍物
            break；
    case 0：
    case 1：
    case 2：
    case 3：Display_List_Char(0, 0, "Both Whiskers ")；
            Display_List_Char(1, 0, "B and L Twice")；
            Back_Ward( )；  //两边胡须均检测到,后退再左拐两次
            Left_Turn( )；
            Left_Turn( )；
            break；
    case 4：
    case 5：
    case 6：
    case 7：Display_List_Char(0, 0, "L Whisker Detect")；
            Display_List_Char(1, 0, "Back and Right  ")；
            Back_Ward( )；  //左胡须检测到,后退再右拐
            Right_Turn( )；
            break；
    case 8：
    case 9：
    case 10：
    case 11：Display_List_Char(0, 0, "R Whisker Detect")；
            Display_List_Char(1, 0, "Back and Left")；
            Back_Ward( )；  //右胡须检测到,后退再左拐
            Left_Turn( )；
            break；
```

```
        case 12:Display_List_Char(0, 0, "Both IRs Detect ");
                Display_List_Char(1, 0, "Turn Right Twice");
                Right_Turn( );    //两边红外均检测到,右拐两次
                Right_Turn( );
                break;
        case 13:Display_List_Char(0, 0, "L IR Detect    ");
                Display_List_Char(1, 0, "Turn Right   ");
                Right_Turn( );    //左边红外检测到,右拐
                break;
        case 14:Display_List_Char(0, 0, "R IR Detect    ");
                Display_List_Char(1, 0, "Turn Left   ");
                Left_Turn( );    //右边红外检测到,左拐
                break;
        }
    }
}
```

本例程又多加了一个头文件 Whisker.h 用于保存胡须状态,内容如下:

```
int P1_4state(void)//获取 P1_4 的状态,右胡须
{
    return (P1&0x10)? 1:0;
}
int P2_3state(void)//获取 P2_3 的状态,左胡须
{
    return (P2&0x08)? 1:0;
}
```

程序使用了 4 个变量 a,b,c 和 d 来保存左、右胡须及左、右红外探测器的值:

```
a = P2_3state( );    //左胡须状态
b = P1_4state( );    //右胡须状态
c = irDetectLeft;    //左红外状态
d = irDetectRight;   //右红外状态
```

将这 4 个值组成一个新的变量——机器人状态变量 state:

```
state = 2*2*2*a + 2*2*b + 2*c + d;
```

其中,左胡须状态 a 为最高位(第 4 位),右胡须状态 b 为第 3 位,左、右红外探测器 c 和 d 状态分别为第 2 位和最低位。

用 switch 分支选择语句来实现机器人的行为控制时,程序如何体现胡须的高优先级呢? 首先回顾一下 switch 语句的结构:

```
switch(表达式)
{
    case 常量表达式1:  语句1;
    case 常量表达式2:  语句2;
    …
    case 常量表达式n:  语句n;
    default :  语句 n + 1;
}
```

switch 根据"表达式"的值是否与"常量表达式"的值相等来工作,假如"表达式"与"常量表达 n - 1"相等,而后面又没有提供"语句 n - 1"且没有使用 break 跳出选择,则执行下个 case,即"语句 n"。

例如,当 state 值为 0,1 或 2,由于 case 为 0,1 或 2 时后面均没有语句,则执行 case 为 3 后面的语句,对应的实际情况是:当两边胡须均检测到障碍物时(case = 3),不管有无红外传感器信息(case = 0,1,2),均执行后退再左拐两次动作。其余情况与此类似。

前面的例程使用 if 语句来实现机器人导航,但那时判断情况较少,if 语句可以满足要求。在智能机器人导航中,需要判断多个传感器信息,如果再用 if 语句,则程序显得冗长,用 switch 语句,可简化程序。

3. 试一试

① 用 if 语句实现机器人的行为控制;

② 与前一个例程 IRRoamingWithWithStructLCDDisplay. c 相比,LCD 显示相关信息之后,并没有延时 0.5 s,为什么? 添加延时后再观察实验效果。

思 考 题

1. 查找相关资料,找出结构体的其他用法。

2. 比较多传感器信息导航与单传感器信息导航的区别与联系。

附录 A C 语言概要归纳

使用说明：该附录仅对 C 语言知识进行概述，内容不仅包括讲解到的知识点，也包括与之相关但未详细讲解的知识点。

一、C 语言概述

C 语言是在 19 世纪 70 年代初问世的。1978 年美国电话电报公司（AT&T）贝尔实验室正式发表了 C 语言。同时由 B. W. Kernighan 和 D. M. Ritchit 合著了著名的 *THE C PROGRAMMING LANGUAGE* 一书，通常简称《K&R》，也有人称之为《K&R》标准。但是，在《K&R》中并没有定义一个完整的标准 C 语言，后来由美国国家标准协会（American National Standards Institute）在此基础上制定了一个 C 语言标准，并于 1983 年发表，通常称之为 ANSI C。

C 语言的强大功能和各方面的优点使其逐渐为人们认识，并很快在各类大、中、小和微型计算机上得到了广泛的使用，成为当代最优秀的程序设计语言之一。

二、数据类型、运算符与表达式

1. 数据类型

所谓数据类型是按被定义变量的性质、表示形式、占据存储空间的多少、构造特点来划分的。在 C 语言中，数据类型可分为：基本类型、构造类型、指针类型、空类型四大类，如图 A-1 所示。

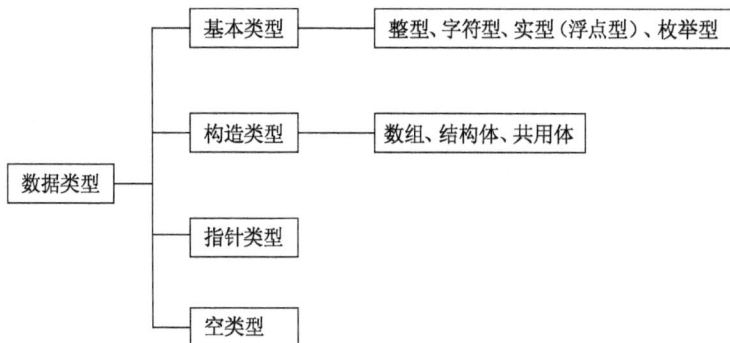

图 A-1　数据类型

基本类型：基本类型最主要的特点是，其值不可以再分解为其他类型。也就是说，基本类型是自我说明的。

构造类型：构造类型是根据已定义的一个或多个数据类型用构造的方法来定义的。

也就是说,一个构造类型的值可以分解成若干个"成员"或"元素"。每个"成员"都是一个基本类型或一个构造类型。

指针类型:指针是一种特殊的,同时又是具有重要作用的数据类型。其值用来表示某个变量在内存储器中的地址。虽然指针变量的取值类似于整型量,两者是类型完全不同的量,不能混为一谈。

空类型:在调用函数时,通常应向调用者返回一个函数值。这个返回的函数值是具有一定的数据类型的,应在函数定义及函数说明中给以说明。但是,也有一类函数在调用后并不需要向调用者返回函数值,这种函数可以定义为"空类型"。

2. 常量与变量

对于基本数据类型量,按其取值是否可改变又分为常量和变量两种。

在程序执行过程中,其值不发生改变的量称为常量,其值可变的量称为变量。它们可与数据类型结合起来分类。如,可分为整型常量、整型变量,浮点常量、浮点变量,字符常量、字符变量,枚举常量、枚举变量。在程序中,常量是可以不经说明而直接引用的,而变量则必须先定义后使用,且在定义变量的同时进行赋初值的操作称为变量初始化。

3. 标识符命名规则

(1) 有效字符只能由字母、数字和下划线组成,且以字母或下划线开头。

(2) 有效长度随系统而异,但至少前 8 个字符有效。如果超长,则超长部分被舍弃。

例如,由于 student_name 和 student_number 的前 8 个字符相同,有的系统认为这两个变量是一回事而不加区别。

在 TC V2.0 中,变量名(标识符)的有效长度为 1～32 个字符,缺省值为 32。

(3) C 语言的关键字不能用作变量名。

需要注意的是,C 语言对英文字母的大、小写敏感,即同一字母的大、小写,被认为是两个不同的字符。

习惯上,变量名和函数名中的英文字母用小写,以增加可读性。

良好的标识符命名习惯是见名知意。所谓"见名知意"是指通过变量名就知道变量值的含义。通常应选择能表示数据含义的英文单词(或缩写)作变量名,或汉语拼音字头作变量名。例如,name/xm(姓名)、sex/xb(性别)、age/nl(年龄)、salary/gz(工资)。

4. 运算符与表达式

C 语言运算符的分类,见表 A-1。

表 A-1　C 语言运算符的分类

名称	内容
算术运算符	加(+)、减(-)、乘(*)、除(/)、求余(%)、自增(++)、自减(--)
关系运算符	大于(>)、小于(<)、等于(==)、大于等于(>=)、小于等于(<=)、不等于(!=)
逻辑运算符	与(&&)、或(‖)、非(!)
位操作符	位与(&)、位或(|)、位非(~)、位异或(^)、左移(<<)、右移(>>)

续表

名称	内容
赋值运算符	简单赋值(=)、复合算术赋值(+ = 、- = 、* = √ = 、% =)、复合位运算赋值(& = 、| = 、^| 、> > = 、< < =)
条件运算符	用于条件求值:? 和:
逗号运行符	用于把若干个表达式组合成一个表达式
指针运算符	取内容(*)、取地址(&)
特殊运算符	括号( )、下标[ ]、成员(. 、→)

表达式是由运算符连接常量、变量、函数所组成的式子。每个表达式都有一个值和类型。

5. 优先级与结合性

C 语言中,运算符的运算优先级共分为 15 级。1 级最高,15 级最低。在表达式中,优先级较高的先于优先级较低的进行运算。而当一个运算量两侧的运算符优先级相同时,则按运算符的结合性所规定的结合方向处理。

C 语言中各运算符的结合性分为两种,即左结合性(自左至右)和右结合性(自右至左)。算术运算符的结合性是自左至右的,即先左后右。例如有表达式 x - y + z,则 y 应先与"-"号结合,执行 x - y 运算,然后再执行 + z 的运算。这种自左至右的结合方向就称为"左结合性"。而自右至左的结合方向称为"右结合性"。最典型的右结合性运算符是赋值运算符。如 x = y = z,由于"="的右结合性,应先执行 y = z 再执行 x = (y = z)运算。C 语言运算符中有不少为右结合性,应注意区别,以免理解错误。

一般而言,单目运算符优先级较高,赋值运算符优先级较低。算术运算符优先级较高,关系和逻辑运算符优先级较低。多数运算符具有左结合性,单目运算符、三目运算符、赋值运算符具有右结合性。

二、分支结构程序

在程序中经常需要比较两个量的大小关系,以决定程序下一步的工作。比较两个量的运算符称为关系运算符。

1. 关系运算符与关系表达式

关系运算符都是双目运算符,其结合性均为左结合性。关系运算符的优先级低于算术运算符,高于赋值运算符。在 6 个关系运算符中, < 、<= 、> 、>= 的优先级相同,同时高于 == 和! = 、== 和!= 的优先级相同。

关系表达式的一般形式为:

$$表达式 \quad 关系运算符 \quad 表达式$$

关系表达式值的"真"和"假",分别用"1"和"0"表示。

2. 逻辑运算符与逻辑表达式

与运算符(&&)和或运算符(‖)均为双目运算符,具有左结合性。非运算符(!)为单目运算符,具有右结合性。逻辑运算符和其他运算符优先级的关系见图 A-2。

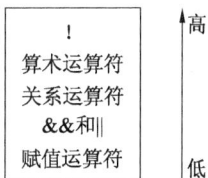

$$
\begin{array}{|c|} \hline
! \\
算术运算符 \\
关系运算符 \\
\&\&和|| \\
赋值运算符 \\
\hline
\end{array}
\quad \uparrow 高 \quad \downarrow 低
$$

图 A-2 运算符的优先级

逻辑运算的值也分为"真"和"假"两种,分别用"1"和"0"来表示。

逻辑表达式的一般形式为:

$$表达式 \quad 逻辑运算符 \quad 表达式$$

3. if 语句

if 语句的 3 种形式:

① if 形式

```
if(表达式)
    语句;
```

② if-else 形式;

```
if(表达式)
    语句1;
else
    语句2;
```

③ if-else-if 形式

```
if(表达式1)
    语句1;
else if(表达式2)
    语句2;
else if(表达式3)
    语句3;
    :
else if(表达式m)
    语句m;
else
    语句n;
```

4. 条件运算符和条件表达式

三目运算符,即有三个参与运算的量,由条件运算符组成条件表达式的一般形式为:

表达式 1? 表达式 2：表达式 3

5. switch 语句

用于多分支选择的 switch 语句,其一般形式为:

switch(表达式){
  case 常量表达式 1：　语句 1;
  case 常量表达式 2：　语句 2;
       ⋮
  case 常量表达式 n：　语句 n;
   default：　语句 n+1;
  }

三、循环控制

1. while 语句

while 语句的一般形式为:

while(表达式)　语句

while 语句的语义是:计算表达式的值,当值为真(非 0)时,执行循环体语句,其执行过程可用图 A-3 表示。

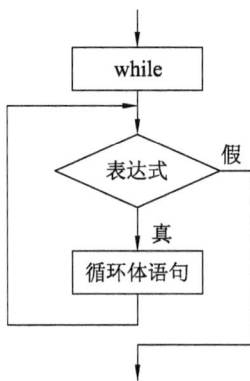

图 A-3　while 循坏执行过程示意图

2. do-while 语句

do-while 语句的一般形式为:

do
 语句
while(表达式);

这个循环与 while 循环的不同之处在于:它先执行循环体中的语句,然后再判断表达式是否为真,如果为真则继续循环;如果为假,则终止循环。因此,do-while 循环至少要执行一次循环语句。其执行过程可用图 A-4 表示。

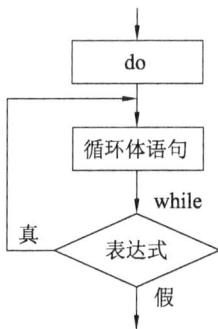

图 A-4　do-while 循环执行过程

3. for 语句

for 语句使用最为灵活,它的一般形式为:

$$for(表达式 1;表达式 2;表达式 3)$$
$$语句$$

其执行过程可用图 A-5 表示。

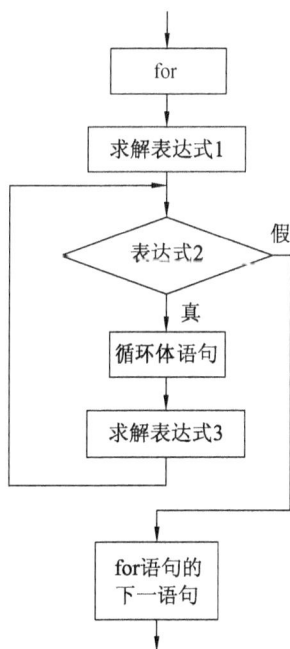

图 A-5　for 循环执行过程示意图

for 语句最简单的应用形式也是最容易的理解形式如下:

$$\text{for(循环变量赋初值;循环条件;循环变量增量)}$$
$$\text{语句}$$

四、数组

为了处理方便,在程序设计中常把具有相同类型的若干变量按有序的形式组织起来。这些按序排列的同类数据元素的集合称为数组。

在 C 语言中,数组属于构造数据类型。一个数组可以分解为多个数组元素,这些数组元素可以是基本数据类型或是构造数据类型。因此按数组元素的类型不同,数组又可分为数值数组、字符数组、指针数组、结构数组等各种类别。

1. 一维数组的定义和引用

在 C 语言中使用数组必须先定义。一维数组的定义方式为:

$$\text{类型说明符 数组名 [常量表达式];}$$

数组元素是组成数组的基本单元。数组元素也是一种变量,其标识方法为数组名后跟一个下标。下标表示了元素在数组中的顺序号。数组元素的一般形式为:

$$\text{数组名 [下标]}$$

其中下标只能为整型常量或整型表达式,如为小数,系统将自动取整。

2. 二维数组的定义和引用

前面介绍的数组只有一个下标,称为一维数组,其数组元素也称为单下标变量。在实际问题中有很多量是二维的或多维的,因此 C 语言允许构造多维数组。多维数组元素有多个下标,以标识它在数组中的位置,所以也称为多下标变量。

二维数组定义的一般形式是:

$$\text{类型说明符 数组名 [常量表达式 1] [常量表达式 2];}$$

其中,"常量表达式 1"表示第一维下标的长度,"常量表达式 2"表示第二维下标的长度。

例如:

    int a[3][4];

说明了一个三行四列的数组,数组名为 a,其下标变量的类型为整型。该数组的下标变量共有 3 × 4 个,即:

    a[0][0],a[0][1],a[0][2],a[0][3]
    a[1][0],a[1][1],a[1][2],a[1][3]
    a[2][0],a[2][1],a[2][2],a[2][3]

二维数组在概念上是二维的,即其下标在两个方向上变化,下标变量在数组中的位置也处于一个平面之中,而不是像一维数组只是一个向量。但是,实际的硬件存储器却是连续编址的,也就是说存储器单元是按一维线性排列的。在一维存储器中存放二维数组主要有两种方式:一种是按行排列,即放完一行之后顺次放入第二行;另一种是按列排列,即放完一列之后再顺次放入第二列。在 C 语言中,二维数组是按行排列的,即先存放 a[0]行,再存放 a[1]行,最后存放 a[2]行。每行中 4 个元素也是依次存放的。由于数组 a 说明为 int 类型,该类型占两个字节的内存空间,所以每个元素均占有两个字节。

二维数组的元素也称为双下标变量,其表示的形式为:

数组名[下标][下标]

五、函数

函数是 C 语言程序的基本模块,通过对函数模块的调用实现特定的功能。C 语言中的函数相当于其他高级语言的子程序。C 语言不仅提供了极为丰富的库函数,还允许用户建立自己定义的函数。用户可把自己的算法编成一个个相对独立的函数模块,然后用调用的方法来使用函数。可以说 C 语言程序的全部工作都是由各式各样的函数完成的,所以也把 C 语言称为函数式语言。

由于采用了函数模块式的结构,C 语言易于实现结构化程序设计,使程序的层次结构清晰,便于程序的编写、阅读、调试。

从函数定义的角度看,函数可分为库函数和用户定义函数两种。

从是否有返回值,函数可分为有返回值函数和无返回值函数两种。

从主调函数和被调函数之间数据传送的角度,函数又可分为无参函数和有参函数两种。

还应该指出的是,在 C 语言中,所有的函数定义,包括主函数 main 在内,都是平行的。也就是说,在一个函数的函数体内,不能再定义另一个函数,即不能嵌套定义。但是函数之间允许相互调用,也允许嵌套调用。习惯上把调用者称为主调函数。函数还可以自己调用自己,称为递归调用。

main 函数是主函数,它可以调用其他函数,而不允许被其他函数调用。因此,C 程序的执行总是从 main 函数开始,完成对其他函数的调用后再返回到 main 函数,最后由 main 函数结束整个程序。一个 C 源程序必须有且只能有一个主函数 main。

六、预处理命令

在各项目中,已多次使用以"#"开头的预处理命令。如包含命令#include,宏定义命令#define 等。在源程序中这些命令都放在函数之外,而且一般都放在源文件的前面,称之为预处理部分。

所谓预处理是指在进行编译的第一遍扫描(词法扫描和语法分析)之前所做的工作。预处理是 C 语言的一个重要功能,它由预处理程序负责完成。当对一个源文件进行编译时,系统将自动引用预处理程序对源程序中的预处理部分做处理,处理完毕自动进入对源程序的编译。

常用的预处理命令有：

1. 宏定义

在 C 语言源程序中允许用一个标识符来表示一个字符串，称为"宏"。被定义为"宏"的标识符称为"宏名"。在编译预处理时，对程序中所有出现的"宏名"，都用宏定义中的字符串去代换，称为"宏代换"或"宏展开"。

宏定义是由源程序中的宏定义命令完成的。宏代换是由预处理程序自动完成的。

在 C 语言中，"宏"分为有参数和无参数两种。

无参宏定义：

#define　标识符　字符串

"#"表示这是一条预处理命令。凡是以"#"开头的均为预处理命令。"define"为宏定义命令；"标识符"为所定义的宏名；"字符串"可以是常数、表达式等。

有参宏定义：

#define　宏名(形参表)　字符串

在字符串中含有各个形参。带参宏调用的一般形式为：

宏名(实参表);

例如：

```
#define  M(y)  y*y+3*y          /*宏定义*/
         ……
k = M(5);                       /*宏调用*/
         ……
```

在宏调用时，用实参 5 去代替形参 y，经预处理宏展开后的语句为：

```
k = 5 * 5 + 3 * 5;
```

2. 文件包含

文件包含是 C 预处理程序的另一个重要功能。文件包含命令行的一般形式为：

#include "文件名"

教材中已多次用此命令包含库函数的头文件。例如：

```
#include "uart.h"
#include "LCD.h"
```

文件包含命令的功能是把指定的文件插入该命令行位置取代该命令行，从而把指定的文件和当前的源程序文件连成一个源文件。

在程序设计中，文件包含是很有用的。一个大的程序可以分为多个模块，由多个程序员分别编程。有些公用的符号常量或宏定义等可单独组成一个文件,在其他文件的开头用包含命令包含该文件即可使用。这样,可避免在每个文件开头都去书写那些公用量,从而节省时间,并减少出错。

包含命令中的文件名可以用双引号括起来,也可以用尖括号(< >)括起来。

使用尖括号表示在包含文件目录中查找(包含目录是由用户在设置环境时设置的),而不在源文件目录中查找;使用双引号则表示首先在当前的源文件目录中查找,若未找到才到包含目录中查找。用户编程时可根据自己文件所在的目录选择某一种命令形式。

一个 include 命令只能指定一个被包含文件,若有多个文件要包含,则需用多个 include 命令。文件包含允许嵌套,即在一个被包含的文件中又可以包含另一个文件。

七、指针

在计算机中,所有的数据都是存放在存储器中的。一般把存储器中的一个字节称为一个内存单元,不同的数据类型所占用的内存单元数不等,如整型量占 2 个单元,字符量占 1 个单元等。

为了正确地访问这些内存单元,必须为每个内存单元编号。根据一个内存单元的编号即可准确地找到该内存单元。内存单元的编号也叫作地址。根据内存单元的编号或地址就可以找到所需的内存单元,所以通常也把这个地址称为指针。内存单元的指针和内存单元的内容是两个不同的概念。对于一个内存单元来说,单元的地址即为指针,其中存放的数据才是该单元的内容。

在 C 语言中,允许用一个变量来存放指针,这种变量称为指针变量。因此,一个指针变量的值就是某个内存单元的地址或称为某内存单元的指针。

指针变量定义的一般形式为:

$$类型说明符 \quad *变量名;$$

指针变量同普通变量一样,使用之前不仅要定义说明,而且必须赋予具体的值。未经赋值的指针变量不能使用,否则将造成系统混乱,甚至死机。指针变量的赋值只能赋予地址,决不能赋予任何其他数据,否则将引起错误。在 C 语言中,变量的地址是由编译系统分配的,用户不知道变量的具体地址。

C 语言中提供了地址运算符 & 表示变量的地址:

$$\& 变量名;$$

假设:

```
int i = 200 , x;
int * ip;
```

上述语句定义了两个整型变量 i,x,还定义了一个指向整型数的指针变量 ip。i,x 中可存放整数,而 ip 只能存放整型变量的地址。可以把 i 的地址赋给 ip:

ip = &i ;

此时指针变量 ip 指向整型变量 i，假设变量 i 的地址为 1 800，这个赋值可形象理解为如图 A-6 所示的联系。

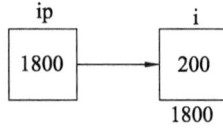

图 A-6   指针变量赋值示意图

以后便可以通过指针变量 ip 间接访问变量 i，例如：

x = *ip ;

运算符 * 访问以 ip 为地址的存储区域，而 ip 中存放的是变量 i 的地址，因此，*ip 访问的是地址为 1 800 的存储区域(因为是整数，实际上是从 1 800 开始的两个字节)，它就是 i 所占用的存储区域，所以上面的赋值表达式等价于：

x = i ;

八、结构体

"结构"是一种构造类型，由若干"成员"组成。每一个成员可以是一个基本数据类型或者一个构造类型。结构既然是一种"构造"而成的数据类型，那么在说明和使用之前必须先定义，也就是构造它，如同在说明和调用函数之前要先定义函数一样。

定义一个结构的一般形式为：

struct   结构名
{成员列表}；

成员列表由若干个成员组成，每个成员都是该结构的一个组成部分。对每个成员也必须做类型说明，其形式为：

类型说明符 成员名；

说明结构变量有以下 3 种方法：
① 先定义结构，再说明结构变量：

struct   结构名
{
    成员列表
}
结构名   变量名；

② 在定义结构类型的同时说明结构变量：

$$
\begin{array}{l}
\text{struct　结构名} \\
\{ \\
\quad\text{成员列表} \\
\}\text{变量名列表；}
\end{array}
$$

③ 直接说明结构变量：

$$
\begin{array}{l}
\text{struct} \\
\{ \\
\quad\text{成员列表} \\
\}\text{变量名列表；}
\end{array}
$$

表示结构变量成员的一般形式是：

结构变量名.成员名

九、位运算

（1）按位与（&）运算

& 是双目运算符。其功能是参与运算的两数各对应的二进位相与。只有对应的两个二进位均为 1 时，结果位才为 1，否则为 0。如：

	0	1	0	1	0	1	1	0
&	0	0	0	1	1	1	0	1
	0	0	0	1	0	1	0	0

（2）按位或（|）运算

| 是双目运算符。其功能是参与运算的两数各对应的二进位相或。只要对应的两个二进位有一个为 1，结果位就为 1。如：

	0	1	0	1	0	1	1	0
		0	0	0	1	1	1	0	1
	0	1	0	1	1	1	1	1

（3）按位异或（^）运算

^是双目运算符。其功能是参与运算的两数各对应的二进位相异或。当两对应的二进位相异时，结果为 1。如：

	0	1	0	1	0	1	1	0
^	0	0	0	1	1	1	0	1
	0	1	0	0	1	0	1	1

（4）求反（~）运算

~为单目运算符,具有右结合性。其功能是对参与运算的数的各二进位按位求反。如：

~	0	1	0	1	0	1	1	0
	1	0	1	0	1	0	0	1

（5）左移（《）运算

《是双目运算符。其功能是把"《"左边的运算数的各二进位全部左移若干位,由"《"右边的数指定移动的位数,高位丢弃,低位补0。如 x《3：

x：	0	1	0	1	0	1	1	0
x《3：	1	0	1	1	0	0	0	0

（6）右移（》）运算

》是双目运算符。其功能是把"》"左边的运算数的各二进位全部右移若干位,由"》"右边的数指定移动的位数,

对于有符号数,在右移时,符号位将随同移动。当为正数时,最高位补0;而为负数时,符号位为1。最高位是补0还是1取决于编译系统的规定,Turbo C 和很多系统规定为补1。如 x》3：

x：	0	1	0	1	0	1	1	0
x》3：	0	0	0	0	1	0	1	0

附录 B　微控制器原理归纳

一、引言

计算机已经成为许多工业、自动化和消费类产品的核心部件,被应用在任何场合——超市里的收银机和电子秤,家庭用的烤箱、洗衣机、闹钟、玩具、录像机、打字机、复印机,等等。在这些应用中,计算机起着控制的作用,它们与"真实世界"交换信息,控制设备的开启与关闭,监控设备的运行。常常会发现这些产品中用到了微控制器(不同于微型计算机或微处理器)。

微处理器是硅片上的奇迹,它出现的时间还不到 30 年,但是已经很难想象没有它的世界会怎么样。1971 年,Intel 公司发布了第一款成功运行的微处理器。不久之后,其他公司也发布了类似产品。这些集成电路芯片无法独自发挥作用,但却是组成单片机的核心部件。单片机很快就进入了各个大学和电子公司的设计实验室。

微控制器是与微处理器类似的一种器件。1976 年,Intel 公司推出了 MCS48 微控制器系列的第一个产品:8748。8748 微控制器在一块芯片内集成了一个 CPU(Central Processing Unit,中央处理器)、1 KB EPROM(Erasable Programmable Read Only Memory,可擦可编程只读存储器)、64 B RAM(Random Access Memory,随机存取存储器),27 个 I/O(Input/Output,输入/输出)端口和一个 8 位定时器。8748 及其后出现的 MCS48 系列的其他产品很快就成为控制场合的工业标准。

在 1980 年,Intel 公司发布 MCS51 系列的第一款芯片 8051,它在功耗、大小和复杂程度方面比之前的产品都增加了一个数量级。继 8051 之后,Intel 公司相继推出了 MCS51 系列的其他产品,一些公司也推出了类似的兼容产品。目前,8051 系列已经成为应用最广泛的 8 位微控制器。

二、基本概念

计算机的定义包括两个重要概念:① 能够在程序控制下处理数据,无须人的干预;② 能够存储和调用数据。从更为普遍的意义上说,计算机系统还包括了执行人机交互功能的外围设备和处理数据的程序。各种设备称为硬件,程序称为软件。

图 B-1 中没有给出系统结构的细节,因此图 B-1 可以代表所有类型的计算机的结构。根据图中的描述,一个计算机系统包括一个中央处理器(CPU),它通过地址总线、数据总线、控制总线和随机存储器(RAM)、只读存储器(ROM)相连,外围设备通过接口电路连接到系统总线上。

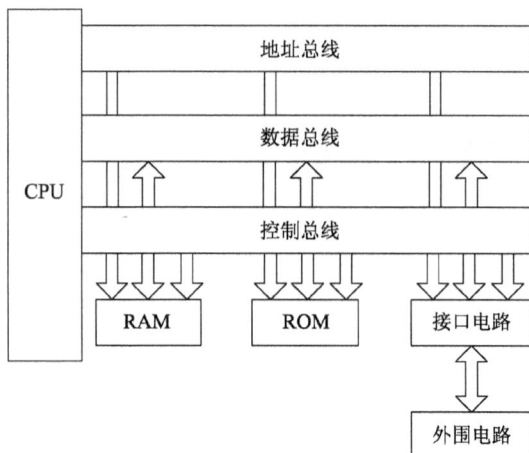

图 B-1　微型计算机系统框图

三、中央处理器(CPU)

　　CPU 是计算机系统的大脑,负责管理系统的所有活动并执行对数据的所有操作。CPU 并不神秘,仅仅是一堆逻辑电路而已。它不断地重复两件事:接收指令和执行指令。CPU 能够理解并执行由二进制代码组成的指令,每条指令代表一个简单的操作。这些指令通常用来执行数学运算(加、减、乘、除),逻辑运算(与、或、非),移动数据或转移程序,由一组称为指令集的二进制代码来表示。

　　图 B-2 是一张非常简单的 CPU 内部结构示意图。其中包括一组寄存器,用于临时存储信息;一个指令译码和控制单元,用于决定 CPU 要执行的操作,把指令译码为完成操作所需要的一系列动作序列;一个算术和逻辑单元(Arithmetic and Logic Unit,ALU),用于对信息执行操作。另外还有两个额外的寄存器:指令寄存器(Instruction Register,IR),用于保存当前正在执行的指令的二进制代码;程序计数器(Program Counter,PC),用于保存将要执行的下一条指令在存储器中的地址。

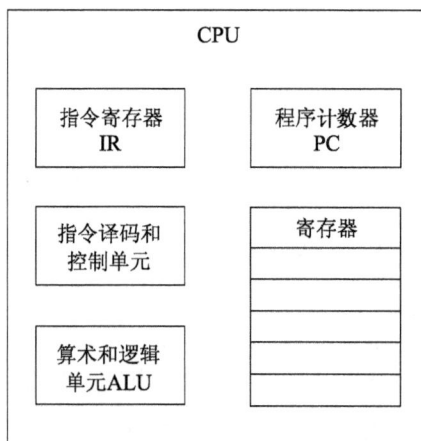

图 B-2　中央处理器(CPU)

从系统 RAM 或 ROM 读取指令是 CPU 最基本的操作之一。这个过程包括以下几个步骤：① 程序计数器中的地址被发送到地址总线上；② 发出读取指令；③ 从 RAM 中读取数据（指令操作码）并发送到数据总线上；④ 操作码被锁存到 CPU 内部的指令寄存器中；⑤ 程序计数器加 1，准备下一次读取。图 B-3 描述了以上流程。

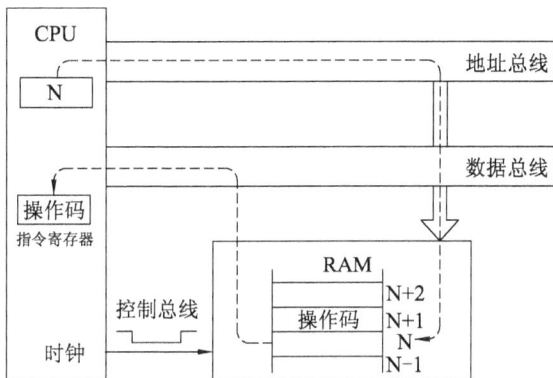

图 B-3 指令读取流程

在执行阶段，CPU 对操作数进行译码，产生控制信号，在内部寄存器和算术逻辑单元之间进行数据交换，并控制算术逻辑单元执行指定的操作。对于更复杂的指令，则需要多次操作才能完成。

组合在一起，能够完成某个有意义的任务的一系列指令就称为程序，也称为软件。

四、RAM 和 ROM

计算机的程序和数据存储在存储器中。由半导体集成电路构成的，可供 CPU 直接访问的存储器有两类：RAM 和 ROM。它们的区别有两点：① RAM 是可读写存储器，而 ROM 是只读存储器；② RAM 是易失性存储器（断电后存储内容消失），而 ROM 则不是。

五、地址总线、数据总线和控制总线

总线是用于传送各种信息的一组线路。CPU 的外围连接着 3 种不同的总线：地址总线、数据总线和控制总线。在每个读、写操作过程中，CPU 都会将数据或指令在存储器中的地址放到地址总线上，然后通过控制总线发送一个读或写的信号。读操作从存储器中指令的位置取出一个字节的数据并将它放到数据总线上，CPU 读取该数据并将它送入内部寄存器。执行写操作时，CPU 将数据送到数据总线上，存储器收到写操作控制信号后，把数据存入指定位置。

研究表明，CPU 有效工作时间的 2/3 被花费在了移动数据上，数据总线的宽度已经成为计算机性能的标志。如果一台计算机被称为"32 位计算机"，表明它拥有 32 条数据总线。

数据总线是双向传输的，而地址总线则是单向传输的。这里所说的"数据"是广义的，在数据总线上传送的所有信息都被称为数据，可能是程序的指令，也可能是某条指令需要的地址,或者是程序要使用的数据。

　　控制总线由各种不同种类的信号组成,每个信号都有自己的功能,共同控制着系统活动的有序进行。通常控制信号是由 CPU 发出的时序信号,以保持地址总线和数据总线上数据传输的同步。CPU 不同,其控制信号的名称和作用也各不相同,但通常而言,CLOCK,READ,WRITE 这 3 个信号是相同的,它们负责控制 CPU 和存储器之间最基本的数据移动。

▶ 六、微处理器和微控制器

　　微处理器是单芯片 CPU,而微控制器则在一块集成电路芯片上集成了 CPU 和其他电路,构成一个完整的微型计算机系统。

　　微控制器的一个重要特点是内建的中断系统。作为面向控制的设备,微控制器经常要实时响应外界的激励(中断)。微控制器必须执行快速上下文切换,挂起一个进程去执行另一个进程。

　　微控制器不是用于计算机中,而是用于工业和消费产品中。使用这些产品的人们通常察觉不到微控制器的存在。对于他们来说,产品内部的元件只是无关紧要的设计细节。微波炉、空调、洗衣机、电子秤等都是这样的例子。在这些产品内部,电子元件将微控制器与面板上的按钮、开关、灯等连接在一起,用户看不到微控制器的存在。

　　计算机系统拥有反复编程的能力,与之不同,微控制器的程序只能固定地执行某个任务,这使得两者的结构有着巨大的差异。计算机系统的 RAM 要比 ROM 大得多,用户程序在相对较大的 RAM 中运行,而硬件接口进程在 ROM 中运行;相反,微控制器的 ROM 要比 RAM 大得多,控制程序相对较大,存储在 ROM 中,而 RAM 只是用来临时存储。由于控制程序永久性地存储在 ROM 中,因此也被称作固件。从持久性来说,固件介于软件(RAM 中的程序,断电后会消失)和硬件(物理电路)之间。硬件和软件类似于纸张(硬件)和写在纸上的字(软件),固件则可比喻为一封为了特定目的而设计的标准格式的信。

附录 C　无焊锡面包板

教学板前端白色的、有许多孔或插座的区域,称为无焊锡的面包板。面包板连同它两边的黑色插座,称为原型区域,如图 C-1 所示。

在面包板插座上插上元器件,比如电阻、LED、扬声器和传感器,就构成本教材中的例程电路。元器件靠面包板插座彼此连接。在面包板上端有一条黑色的插座,上面标识着"VCC""Vin"和"GND",称之为电源端口,通过这些端口,可以给电路供电。左边一条黑色的插座从上到下标识着 P10,P11,P12……P37(共 18 个,部分端口并未标出)。通过这些插座,可以将搭建的电路与单片机连接起来。

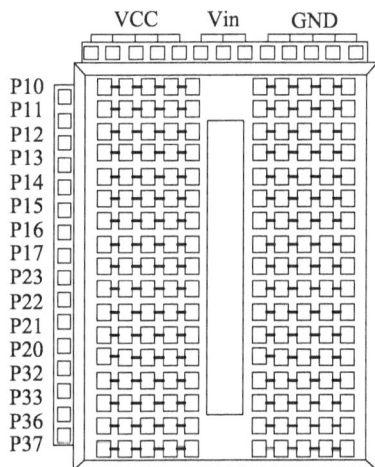

图 C-1　原型区域

面包板上共有 18 行插座,通过中间槽分为两列。每一小行由 5 个插座组成,这 5 个插座在面包板上是电气相连的。根据电路原理图的指示,可以将元器件通过这些 5 口插座行连接起来。如果将两根导线分别插入 5 口插座行中的任意两个插座中,它们都是电气相连的。

电路原理图就是指引如何连接元器件的路标,它使用唯一的器件符号来表示不同的元器件,这些器件符号用导线相连,表示它们是电气相连的。在电路原理图中,当两个器件符号用导线相连时,电气连接就生成。导线还可以连接元器件和电压端口。"VCC""Vin"和"GND"都有自己的符号意义。"GND"对应于教学板的接地端;"Vin"指电池的正极;"VCC"指校准的 +5 V 电压。

图 C-2 是用示意图表示元器件的连接。元器件符号图的上方就是该元器件的零件示意图。

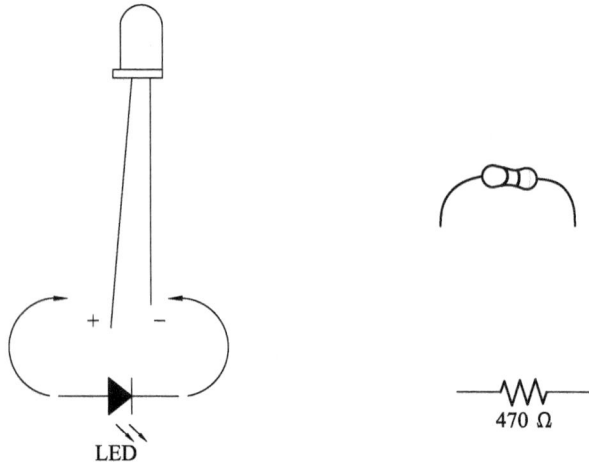

图 C-2　零件及符号

在图 C-3 中,左边显示的是某电路原理图,而右边即为该原理图对应的配线图。在电路原理图中请注意电阻符号(锯齿状线)的一端是如何与符号 VCC 相连的。在配线图中,电阻的一端插入了标有 VCC 的插座中。在电路原理图中,电阻符号的另一端用导线与 LED 符号的正极相连。记住:导线表示两个零件是电气相连的。相应地,在配线图中,电阻的另一端与 LED 的正极插入了同一个 5 口插座行。这样做使得这两端电气相连。在电路原理图中,LED 符号的另一端与 GND 符号相连。对应地,在配线图中 LED 的另一端插入了标有 GND 的插座中。

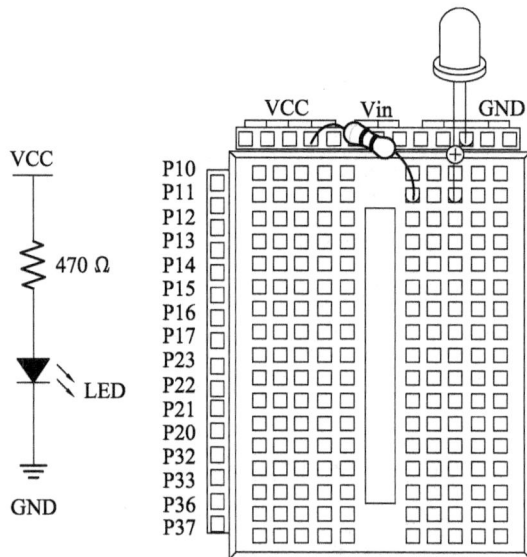

图 C-3　示意电路原理图及配线图

图 C-4 显示的是另一个电路原理图及配线图。在电路原理图中,端口 P1_1 连接电阻的一端,电阻的另一端与 LED 的正极相连,而 LED 的负极与 GND 相连。与前一个电路原理图相比,该原理图仅有一个连接上的区别:电阻连接 VCC 的一端现在换成了与单片机端口 P1_1 相连。看上去可能还有一个细微差别：电阻是水平画出来的，而前一幅图是垂直的。但按照连接上看，只有一个区别：P1_1 取代了 VCC。在配线图中，也做了相应处理：电阻之前是插入 VCC 插座中，而现在则插入了 P1_1 插座中。

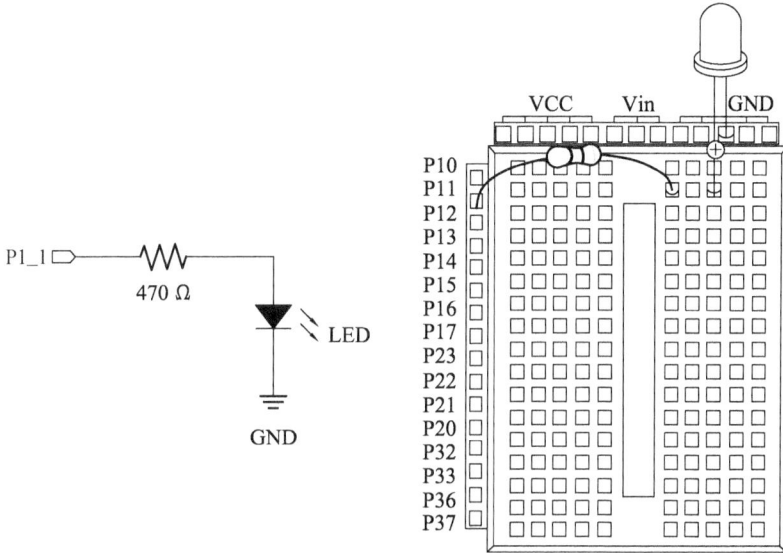

图 C-4　示意电路原理图及配线

附录 D　LCD 模块电路

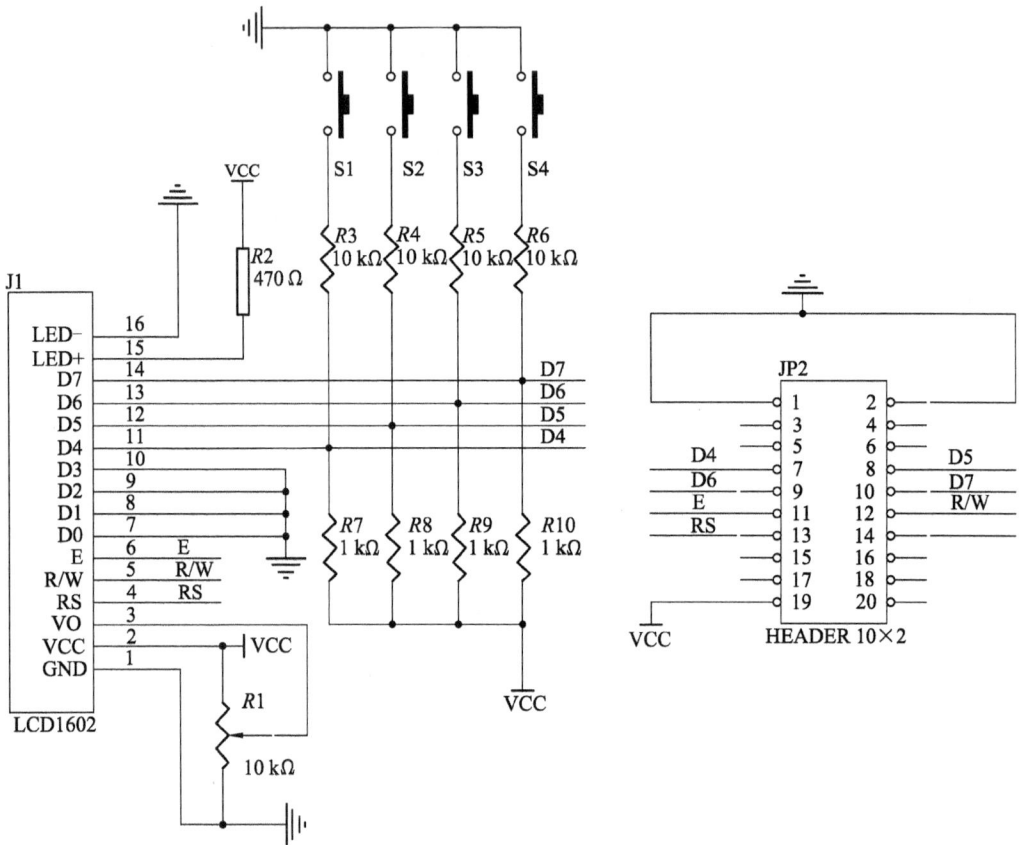

图 D-1　LCD 模块电路

附录E　本教材所使用机器人零配件清单(表E-1)

表 E-1　配件清单

配件清单	单位和规格	数量
光盘	张	1
实验主板	块	1
AT89S52 芯片	个	1
ISP 下载线	根	1
RS232 串口线	根,9-pin	1
连续旋转伺服马达	套	2
机器人运动底盘(带前轮)	套	1
电池盒(带五号电池4节)	个	1
驱动轮(带防滑皮套)	个	2
线路板联接柱子	25 mm	4
柱子(连接触觉传感器)	13 mm	2
盘头螺钉	M3 * 8	22
螺母	M3	18
沉头螺钉	M3 * 8	4
螺钉	M3 * 20 mm	4
螺丝刀	把	1
尖嘴钳	把	1
跳线	袋	1
红色 LED	M5	2
触须	条	2
排针	3-pin	2
电阻	220 Ω	4
电阻	470 Ω	10
电阻	1 kΩ	4
电阻	2 kΩ	4

配件清单	单位和规格	数量
电阻	10 kΩ	4
EL-1L1（红外 LED）	只	4
1938（红外探测器）	只	4
三极管	9013	4
LCD 模块	1602	1